创客匠人老蒋

创客匠人创始人、CEO
连续创业者
深耕知识付费行业十年
孵化出数千位年入百万的知识IP

创客匠人老蒋是创客匠人创始人、CEO，连续创业者。他深耕知识付费行业十年，曾经孵化出数千位年入百万的知识IP，专注为广大知识IP提供工具、运营等一站式孵化服务。2020年12月，他荣获腾讯"2020中国年度教育行业影响力人物"。2015年，成立创客匠人平台。2019年，新三板挂牌上市，成为国内知名教培行业线上SaaS服务商，至今已服务数十万家教培机构。

许炜甜

蓝早创始人、领航导师
BQT国际分析师
国家二级心理咨询师
多个亿级项目孵化者
生命密码传承人及训练导师

许炜甜是心智成长优质资源提供者，参与经营多家教育培训机构，将心理学方面的建树应用到商业、管理、销售、客户服务、人力资源、家庭教育、情感关系、个人成长等多个方面，引领10万余名心理学爱好者深入行业研习，为素人提供个人成长及知识付费变现路径，也为业内人士提供多角度落地变现升级方案，培养多名变现千万级知识IP，推动发展知识付费行业人才培养，带领无数人拿到结果。

冯心台

商业品牌故事片导演、IP 心力影像创始人
英国名校 BRISTOL 大学 MFA 影视制作硕士
游历 30 多个国家
拍摄 100 多位明星艺人、创始人
WTW "她力量" 艺术匠心女性

静怡姐姐

14 年资深心理咨询师
萨提亚模式家庭治疗师
重度抑郁症康复者
静怡幸福课堂创始人
央视访谈心理专家
北京大学硕士

智慧

归元心养养生连锁董事长
资深治愈生命能导师
企业管理赋能教练

远程能量疗愈师
阿卡西资深阅读师

王彦芳〈如是〉

心理学硕士
北大博雅客座教授
世界非物质文化遗产研究院院士
身心灵境全息疗愈与创升创始人

张爱玲

北大博雅元培智库客座教授
中国东方文化研究会美育委客座教授
西安爱与光之旅文化传媒有限公司创始人

王治森

顶维智慧学创始人
中国传统文化实践教育讲师
宇宙、意识起源和生命实相导师

陈酒夫子义门

经络村联合创始人
贵州土夫子文化传媒有限公司联合创始人

彭扬媗

蓝早联合创始人
私域运营架构师
擅长社群运营及朋友圈私域运营

吴丰言

资深心理咨询与健康管理专家
亓黄中医科技有限公司创始人
国际资深企业培训指导师

孟彧先生〈吴穗琼〉

UCCC 中美禅学院院长
UCCC 优西东方生活馆馆长
中山大学佛学研究中心研究员
斯坦福大学、哈佛大学中国禅指导老师

太初〈Gloria〉

深修殿主理人
觉知心学创始人
资深心力激活教练
至尊显化系统开创者
美国 QHHT 量子催眠疗愈师

夏郡阳

国家二级心理咨询师
高校心理中心专职心理咨询师
学生心理健康教育副教授

王奕宣

管理学硕士
内观国际国学身心灵平台创始人
累计服务线上线下学员近 10 万人

心灵成长教练指南

　　本书旨在帮助读者成为一名合格的心灵成长教练,通过自我调适和心态管理,走出思维困境,重燃工作激情,获得更多的幸福体验。书中介绍了心灵成长教练必备的基本素质和理念,以及在实践过程中的应用方法,系统性地、手把手地教读者如何通过自我训练实现个人成长和心灵提升,并能带领学员洞察自己的心智模式,挖掘内在潜能,发现外部可能性,从而有效达成个人目标。

心灵成长教练指南

Spiritual Growth Coaching Guide

创客匠人老蒋 许炜甜 —————— 主编

南方出版社

序　言

　　光阴似箭，岁月如梭，今年我有幸迎来了从事知识付费行业的第十个年头。十年，如同一部厚重的书，每一页都记载着故事与成长。

　　在过去的十年里，创客匠人一直致力于帮助优秀的老师实现知识变现和拓客增长。让优秀的老师被看见、被尊重，一直是我内心深处的夙愿！

　　在这十年的时间里，我们服务并孵化了五万多个知识IP，我亲眼见证了一个全新知识时代的崛起。知识不再仅仅是传播的工具，它还成了人们自我觉醒、生命成长的驱动力。特别是在心灵成长领域，我们目睹了整个行业从无到有、从有到优，再到繁荣的全过程，尤其是2024年，心灵成长行业的发展更是呈现出指数级增长。

　　在这个高速发展的时代，人们比以往任何时候都更需要内在的指引，需要找到内心的平静与力量。无论是个人的幸福，还是社会的和谐，生命的觉醒始终是根基。每个人若能通过心灵成长找到内在的力量，就能在人生旅途中走得更坚定、更从容、更自信。

于是，心灵成长教练应运而生，成为引导人们自我觉醒、生命富足的重要角色。无数优秀且拥有大爱的心灵成长教练在此过程中脱颖而出，帮助很多家庭获得成长和改变、幸福与美满。它不只是一个职业，更是一场内心革命，唤醒了无数人对精神成长的追求。

然而，在这片广阔的天地中，我们同样目睹了混乱与迷茫：各种声音交织在一起，宛如一首时而激昂、时而低沉的交响曲，让人难以分辨其中的真与伪、善与恶。这片充满奇幻与挑战的心灵天地，正等待着我们去拨云见日，正本清源，寻找到最璀璨的星辰，为迷茫的人们照亮前行的道路，帮助想要成长的人走向光明。

我们亟需标准和体系，让许多心灵成长 IP 有真正的深度和独创性！

歌德曾说："责任就是对自己要求去做的事情有一种爱"。因此，作为知识服务行业的"带头老兵""知识变现领军人"，承载着期望，背负着使命，我有责任推出这样一本书。它不仅仅是一本指导手册，更是我们对行业未来的坚定信念——要为这个充满潜力、活力、责任的领域设立标准、奠定基础。

希望这本书能够带领读者，尤其是心灵成长行业从业者、疗愈行业从业者，找到那个"光源"，帮助他们在复杂的世界中找到方向，并在自己的心灵旅程中不断突破与升华。

在这样的背景下，我联合了多位在心灵成长领域中取得突出成绩的头部 IP、教练、心理咨询师，共同编写了这本书。它凝聚了行业精英多年的理论、实践与智慧，致力于为心灵成长老师、教练提供清晰的理论和实践指导，助力他们实现自我提升，帮助更多学员走向内心的平静与丰盈、生命的觉醒与富足。

本书涵盖了心灵成长从业者、教练等实践所需的很多方面的知识与经验。从如何建立信任、应对学员情绪，到在压力下保持自身的内在充盈，书中的每一条理论、每一个案例与技巧都是作者们在长期工作中的总结、践行及深度思考。此外，这本书还告诉你，如何通过打造个人 IP、设计课程与建立品牌影响力来扩大自身的影响力。作为一名心灵成长行业的从业者，仅有技术是不够的，还需要传播自己的专业知识与独特价值，才是让更多人受益的关键。商业与情怀，可以做到完美的统一。

在此，我要特别感谢本书的主编许炜甜老师及联合主编王奕宣老师、王彦芳（如是）老师、义门陈酒夫子老师、太初（Gloria）老师、孟彧老师、彭扬媗老师、冯心台老师、智慧老师、吴丰言老师、王治森老师、静怡老师、夏郡阳老师、张爱玲老师！

感谢所有为这本书贡献智慧和经验的伙伴们，是你们的实践与反思，让这本书充满现实指导意义；也感谢所有在心灵成长道路上不断探索的同行者，是你们的坚持，让这个行业充满希望与爱；还要感谢每一位读者，因为你们对心灵成长的追求，才是推动这一切的力量。心灵成长行业，犹如一颗璀璨的星辰，在夜空中闪耀着独特的光芒。它引领着人们走向更加美好的生活，让生命在爱与和谐中绽放出绚丽的光彩。

  我相信，心灵的发展与成长能让我们在不平凡的生活中找到恒定的力量，这种力量将影响整个社会的和谐与稳定。愿这本书成为你前行路上的"灯塔"，在帮助他人走向内心丰盈的同时，也能找到属于自己的光芒。

创客匠人老蒋

2024 年 10 月 14 日于北京

目录 CONTENTS

第一章　打开思维，重新认识心灵成长教练

003　谁适合成为心灵成长教练？
　　　　许炜甜

015　优秀心灵成长教练必备的职业素养
　　　　王奕宣

023　如何做好心灵成长教练的咨询工作？
　　　　许炜甜

033　心灵成长教练如何处理难点、卡点？
　　　　许炜甜

第二章　自我管理，保持充盈的心力

039　心灵成长教练如何持续学习，保持自己的状态？
　　　许炜甜

047　心灵成长教练持续精进的自我管理与修炼方法
　　　王彦芳〈如是〉

057　国学智慧给心灵成长教练的自我修炼锦囊
　　　义门陈酒夫子

067　心灵成长教练如何释放自我情绪？
　　　太初〈Gloria〉

079　心灵成长教练如何清理自己的负能量？
　　　孟彧先生

093　如何保持自己的心力不被带偏？
　　　许炜甜

第三章 打造 IP,扩大自身影响力

103 如何为心灵成长教练做好定位和产品设计?
创客匠人老蒋

113 心灵成长教练如何打造自己的品牌?
许炜甜

121 心灵成长教练如何打造一流的线下课程?
许炜甜

133 心灵成长教练如何打造一支高效团队?
许炜甜

141 如何做好心灵成长教练的品牌运营?
彭扬煊

151 心灵成长教练如何通过联盟带动自身影响力?
许炜甜

157 如何为心灵成长教练打造 IP 故事片,成就影响力?
冯心台

169 心灵成长教练如何直面金钱的恐惧?
许炜甜

179 心灵成长教练该如何做发售?
创客匠人老蒋

189 心灵成长教练如何拥抱工具及 AI 新趋势?
创客匠人老蒋

第四章　实际干预，带学员走出困境

197　如何引导学员成为心灵成长教练？
许炜甜

207　心灵成长教练如何引导学员觉察情绪？
智慧

217　心灵成长教练如何引导学员实现身心平衡？
吴丰言

223　心灵成长教练如何帮助学员透过现象看清问题本质？
王治森

231　心灵成长教练如何陪伴抑郁与焦虑学员走出创伤困境？
静怡姐姐

241　心灵成长教练从双相情感障碍学员咨询中得到的几点感悟
夏郡阳

253　心灵成长教练如何借助课程传递价值和温暖？
许炜甜

261　心灵成长教练如何帮助学员由内而外散发光芒？
张爱玲

第一章

**打开思维，
重新认识心灵成长教练**

授课不仅仅是为了赚钱，
而是为了更大的使命——
帮助他人，点燃他们的希望。

> # 谁适合成为心灵成长教练？

许炜甜

亲爱的心灵成长领域的朋友,你是否渴望做好自己的内容建设?在"心灵成长"这片充满着温暖与大爱的领域里,你是否怀揣着实现自我价值、助力他人心灵成长的美好愿景?

接下来,我会跟大家一起分享我的经验与方法。

同理之心,觉察自己与感知他人

要成为心灵成长教练,我们需要有强烈的同理心,这是最核心的特质。当然,同理心的培养并非一蹴而就,它需要我们通过个人经历和反思来逐步培养。

我经历了一段艰难的时期,感受到了从未有过的痛苦。最严重时,我甚至产生了轻生的念头。那种"压垮性"的痛苦感受,令我刻骨铭心,现在想来还有一丝后怕。可是,一旦从绝境当中爬出来,我就拥有了强大的内在力量。

我在心灵成长领域授课已有15年。在这期间，我经历过多次人生打击：企业破产、被合伙人背叛、被亲人"背刺"、被闺蜜诋毁……这些经历一度令我陷入了自我怀疑，我的情绪时常处于低谷，久久难以排解。

后来，我终于明白，如果上天要赋予我更大的使命，必会让我先经受磨砺。若我能从痛苦的深渊中爬出来，便能摸索出一条属于自己的路径。正是这些经历，让我能够深刻理解他人，并在心灵成长的道路上指引他人。

这个世界上，很多人都是带着伤痛不断前行。作为一名心灵成长教练，要学会把自己的理智和情感分开，进行"情绪分割"。即使心怀巨大的悲痛，也可保持乐观与豁达的心态，为他人提供必要的心理支持。

情绪再现，引爆生命之间的共振

对于有心理问题的人来说，一味排斥和压抑自己，是徒劳的。应该对身处低谷的原因进行洞察，走出阴影，然后再去帮助他人。

从身处绝望的深渊到勇敢地逆风翻盘，这段经历本身就是一种宝贵的财富。

陈同学曾患有双相情感障碍，她在长达四年的时间里依赖抗抑郁药物来缓解症状，甚至多次接受电击治疗。在经历这一切之后,她选择勇敢地站在众人面前,展示自己的"伤疤"。她的真诚分享,激励了无数学员勇敢地面对自己的困境,积极地寻求改变和成长。

那么,对于那些没有经历过太多人生打击,也没有陷入抑郁深渊经历的心灵成长教练来说,又该如何提炼自己的故事去激励他人呢?

其实,经历本身有着真实情感的加持,本就无需大起大落、跌宕起伏。只要讲述的是真实的感悟,你的故事就足以感人。以另一位学员为例,她分享的是自己独自赴美生子的经历。虽然其中没有太多悲痛的经历,但她找到了生命的意义:为社会奉献爱,将自己学习到的知识整理出来并传授给更多的人。

经过简单地梳理,我建议她在描述时聚焦于情绪的细节,重现具体的场景,比如:

我一个人躺在产床上,手搭在冰冷的手术台上。因为疼痛,我的眼泪默默地从眼角流到耳朵,我都没有办法去擦。但就是心中有一股韧劲,我告诉自己,我会克服眼前的艰难,艰难过后我会尽情迎接美好,我也会拼尽全力地去实现自己的人生梦想。

这种场景和情绪细节的再现,触动了身为母亲的学员们内心深处的记忆。她们仿佛被带回了自己生孩子时的情境，重新感受到了那种难以言喻的痛苦：每一个毛孔都因疼痛而颤抖，感觉这个世界上没有任何人能够帮自己……正是那种孤立无援的感觉，让她们意识到唯有凭借自身的力量，才能够渡过这道难关。

无论你是否拥有重大的人生苦难经历，都可以从自己的故事中找到那些能够触动他人的细节。通过分享这些经历，你不仅能帮助学员更好地理解自己的情感，还能为他们提供支持和力量。这样，你将不仅仅是在向他人传授知识，更是在传递爱和希望。

提炼思绪，做有效倾听与沟通

作为心灵成长教练，如何才能锻炼自己提炼思绪的能力？这源自你是否能够对自己的生命进行总结。比如，每一天去复盘自己的情绪变化：

> 哪个人的哪句话让我产生了情绪波动？
> 这个波动是好的波动，还是不好的波动？
> 如果是不好的波动，为什么让我感觉不好？
> 那些不好的波动，有可能是因为哪些原因产生的？
> 如果是好的波动，为什么让我感觉很好？
> 那些好的波动，能否变成一种方法论？

这是我每天深夜都会做的事情，别人激荡到我心灵的这个点，未来我也可以激荡到他人。而每一个点都要从生活中去提炼、去积累，这就是心灵成长的真正意义。

心灵成长教练，需要灵活应用提炼思绪的能力，如果连自己的思绪都无法提炼，又怎么能提炼他人的思绪，做到深度共情呢？

在演讲或授课时，我们需要敏锐地觉察到人群中的一举一动：有人皱了一下眉头，有人拿起手机……通过他们的行为，我们迅速提炼思绪，及时调整自己的授课内容和方法，就能很快把他们的思绪拉回来。这样，你就能集中全场人的注意力，将爱传递给全场的人。

正心正念，点醒爱人爱己的能量

想成为一名心灵成长教练，你必须保持正心、正念。不能只想着把这个职业视为赚钱的"捷径"，也不要抱有他人对你心生欢喜便能永久追随你的幻想。

在与学员沟通时，对方的每一滴眼泪、每一次反馈，都会点醒我们心中那股爱的能量。而"爱的能量"才是支撑我们坚持下去的深刻滋养。这些眼泪和反馈，正是听者基于对你的信任而做出的下意识的行为，是他们的心开始与你的心建立连接的表现。如果连基础的信任都没有建立，你还怎么作为一个教练去持续地支持他人的生命呢？

念头的影响力也不可小觑，往往一个小小的念头就蕴含着巨大的能量。很多心灵成长教练，有时会难以控制自己内心的念头，并延伸出很多负面的词汇和情绪。要时刻铭记，没有人是完美无缺的，只要保持一颗持续自我审视与成长的心，就能不断发现自我、超越自我。要坚持正念，"掐灭"那些不好的念头。

即便有时对自己产生怀疑，甚至是否定，也没关系。在这15年的教学过程中，我也遇到过情绪的困境，踩过一些"雷区"，但我并没有觉得这个行业不适合我。既然坚定了自己的目标，选择了自己要走的路，我就会一直走下去。我是一个永远在路上的旅者，每一次跌倒后再次爬起，都是我心灵成长的足迹。

人类对了解自我的追求是永不停止的。我在小学三四年级时，喜欢窝在图书馆里看心灵成长类的书籍，研究人的心理；我还喜欢看名人传记，想知道这些人是怎么一步步走向成功的。我通过各种各样的方法来探究世界、探究自己，找到情绪的来源，并且分析这些情绪背后的诱因，更深入地了解自己。

我刚开始讲课的时候只有一个目标，就是赚钱。在我23岁的时候，一位女企业家支持我的梦想，让我得到了人生中第一笔2000万元的投资。我利用这笔资金先后开设了两家幼儿园，收购了一家幼儿园，还成立了两个教育培训机构。尽管与20岁时相比，我的使命感和责任感已显著增强，但是，由于我的爱与信念不足，我遭遇了人生中的"重大事故"，并付出了沉重的代价。

我想问你，在最关键的人生节点，你是倾向于为自己的处境找个理由，还是去探寻问题的源头并努力摆脱困境？

接纳自己，明确真正的心之所向

2016年，企业的失败，给我造成了很大的压力，导致我的身体状况出现了严重问题。由于颈椎和脊柱的严重病变，做全身手术将面临极大的生命危险。在万念俱灰的情况下，我选择放弃手术，回到家中静养。

一个月后，我的身体竟然慢慢好了起来。我心想："既然老天不收我，那我就想想办法，看是否有奇迹发生吧。"我开始使用"抽丝剥茧"的方式，对心灵进行完整复盘。

"企业破产第六天我就倒下，我辜负了那些信任我的投资人、股东、学员、家长……"我发现，我的内心产生的负面评价越多，我就越痛苦。

后来，我对自己说：

> 我允许我的失败。
>
> 我允许我病了。
>
> 我允许自己现在暂时像个废人一样。
>
> 我允许自己没有办法给父母养老送终。

我允许自己就算如此失败，也依然爱我自己！

在自我接纳的那一刻，我躺在床上，泪流满面。虽然身体还是有些疼痛，但我的心灵却得到了真正的放松。

回想起在杭州师范大学读书时，老师曾让我们分析韩国电影《老男孩》。这部电影中有一句台词深深触动了我的心灵：

纵使我是个禽兽，难道我就不配活着吗？

在孤独和无助的时候，我反复问自己：

纵使我事业失败了，难道我就不配活着吗？

纵使我答应父母给他们更好的生活却没有做到，难道我就不配活着吗？

就算所有人对我失望，我也要爱自己！

就在我接受自己的痛苦和不完美的那一刻，我感到了一种前所未有的力量，这种力量让我重新站了起来。

当我认识到老天之所以安排如此重大的"事故"，是为了让我剥丝抽茧、痛定思痛，并从中总结出一套方法论，然后传授给他人的那一刻，我才做到授课不仅仅是为了赚钱，而是为了更大的使命——帮助他人，点燃他们的希望。

痛点挖掘，内在的自我情绪觉察

很多人执着于追求自己设定的目标，比如获取多少流量，得到多少点赞，等等。实际上，我们只需深入了解自己、深入研究内容就可以了，那些外在的东西，是水到渠成的，不要刻意追求。

我们可以这样做：从自己的成长经历中挖掘触动人心的能量。我们要学会向自己"开刀"，不断地挖掘自身每一个情绪表象下潜藏的本质。

通过聚焦于"人生经历"，你可以得到这样的收获：

第一，找到同频的人，把自己的人生经历讲出来。
第二，明确方向，提炼出关键点。
第三，知道下一步该怎么办，总结出方法论。

在这之后，你会发现：世界不再虚幻，虚假的事物不能打动人心，真实的东西才具有力量。心灵成长教练自身有力量，才能带动他人。

我们要用自己的专业素养和人格底色，
　去帮助学员、影响学员，
　　与他们一起成长。

"

优秀心灵成长教练
必备的职业素养

王奕宣

投身于心灵成长培训领域十余年，我见过很多同行，也接触过很多学员。和他们相处的过程中，我有欣慰，也有遗憾，有欢笑，也有泪水。

看到心灵成长教练的无私付出，让学员们变得越来越优秀，我很开心，也很欣慰；看到有些学员心存疑虑，情况没有得到改善甚至出现退步，我又很遗憾，甚至有些担忧。

一些学员对心灵成长教练的感激或反感，我常常都能感同身受。

在持续的自我探索与总结经验中，我发现优秀的心灵成长教练都有下面这些必备的职业素养。

善良、平等、利他

一位优秀的心灵成长教练，内心一定是善良、平等、利他的。

心灵成长教练的首要身份是"教育工作者",他们不仅是学员成长道路上的引导者,更是学习和成长过程中的陪伴者与见证者。如果心无正念,很难把这个工作做好。

在工作中,心灵成长教练会遇到形形色色的人和事。无论学员的身份如何、经济条件如何,心灵成长教练对他们都应该一视同仁。

所谓平等,是指人性平等,不仅是学员相互之间的平等,也是心灵成长教练与学员之间的平等。身份与角色不过是表象,内心的平等与尊重才是互动的前提。

唐代的韩愈在《师说》中写道:"师者,所以传道受业解惑也。"意思是说,老师,是传授道理、教授学业、解答疑问和困惑的人。心灵成长教练也是如此,我们要用自己的专业素养和人格底色,去帮助学员、影响学员,与他们一起成长。

心灵成长教练的所有行为,都应以有利于学员成长为先。面对学员们的人性弱点以及相应的行为,心灵成长教练也要从人性出发,先理解、先接纳,再发挥专业优势,让学员意识到自己的问题,进而长养自己的内心,改善自己的行为。

谦逊、自知、成长

一位优秀的心灵成长教练,一定是谦逊的,他会承认自己有短板、有不足,有认知的边界,而不是盲目自大,一味贬低别人。

谦谦君子，有容乃大。只有保持谦虚的心态并不断成长，心灵成长教练才能真正发挥其专业能力与人格魅力，陪伴学员一路向上、向好。

当然，正如《庄子》中说的："吾生也有涯，而知也无涯（我的生命是有限的，知识是无限的）"。心灵成长教练必须承认，无论如何努力，自己的认知和心境都不可能尽善尽美，总会存在短板和缺陷。

而且，《论语》中说"知之为知之，不知为不知"，切不可因为傲慢与偏见而误导学员，起到错误的示范。

此外，心灵成长教练还需拥有"青出于蓝而胜于蓝"的格局，不怕被学员超越，要乐见学员的优秀，甘当引路人和"垫脚石"。

学习和成长是终生的事业。那些基础好、勤奋又有悟性的学员，超越教练只是时间的问题。在面对一批批比自己还要优秀的学员时，教练们应该是欣慰与承载，而不是嫉妒与打压。

自信大方、脚踏实地

一位优秀的心灵成长教练，一定是自信、脚踏实地的。

任何一件事情，永远都没有完全准备好的时候。当具备了教练的从业技能时，不能因为自满就选择迟迟不行动，迟迟不用自己的所学所长给他人带来益处。

毋庸置疑，随着经历和教学经验的增加，思维体系的日趋成熟，教练的专业能力也会不断提升，可以给学员提供更多、更好的帮助。

教练们能在不同阶段给不同学员益处，能在自己的能量范围内为学员的心灵成长保驾护航，已然足够。

心灵成长教练，本质上是在从事一项"人性双向救赎"的工作。任何一个迟疑，都可能让受访者失去被救赎的机会。一个内心胆怯的心灵成长教练，永远也不可能对学员有所帮助。

要知道，所有来到我们生命里的人和事，都不是无缘无故的，一定是为了教会彼此什么，或是为了给彼此带来某种"礼物"。一切都是最好的安排，恰如其分的相遇，是生命中最美的缘分。

因此，此刻就要去行动，带着一份对心灵成长教练工作的虔诚心、敬畏心，给他人带去益处。

汉代的贾谊说过："爱出者爱返，福往者福来。"当你无私地给予他人爱与关怀，你也将收获爱与关怀；当你给别人带去福德，别人也会给你带来福德。需要帮助的人有那么多，能帮一人是一人。作为心灵成长教练，切勿好高骛远、好大喜功，你要脚踏实地地点燃学员的"成长引擎"，陪伴他们成长，这也是你的人生价值之一。

心怀敬畏、合作共赢

一位优秀的心灵成长教练，必然心怀敬畏。我在这里所说的"敬畏"，包括对生命的敬畏、对工作的敬畏、对他人的敬畏。

有了"心怀敬畏"这个基础，心灵成长教练才会发自心底地善待身边的每个人、每件事，让大家在各自的人生赛道上快速地成长，拿到更好的结果，最终实现多方共赢。

此刻，我也正走在不断成长的路上。我始终相信，心灵成长是一辈子的事，前路漫漫，一个人或许走得更快，但一群人可以走得更远。

在保持专业距离的同时，
敢于提出合理要求，就能彰显价值，
甚至创造机遇。

> 如何做好
> 心灵成长教练的咨询工作？

许炜甜

要做好心灵成长教练的咨询工作,可以参考以下这些步骤和技巧。

建构信任

来访者刚与我们接触时,大家彼此都是陌生人,心门尚未敞开,信任的种子该如何播种,如何让它生根发芽呢?

1. 保持输入,才能输出

以我自己为例,我不断学习各个学科的知识,并将它们应用到我的生活和工作中。我如海绵般吸收着知识的"甘霖",并结合自身经历,摸索出一条挖掘内在情绪的通路。通过运用这些年所学的知识与智慧,我不仅成功"自救",还进而成为一束光,照亮了他人的前行之路。

我深知,作为一名心灵成长教练,唯有秉持"学无止境"的信念与态度,才能使我所学的知识内化,成为我灵魂的光芒。

持续学习，不断成长，让自己成为一块海绵，吸收得越多，给予得也将越多。

2. 观察入微，同频之声

建立信任，须从细微处着手。

在与来访者沟通的过程中，我会仔细观察他们的情绪状态，捕捉他们的动作表情，他们是低迷的，还是亢奋的？我力求与他们同频，同频才能产生共振。

有一位产生轻生念头的女孩，感觉自己被世界遗弃，她沉默寡言，不想与任何人接触。

她曾上过我的课，点名要见我。在她家人的焦急求助下，我毅然跨越城市，来到她身边。

当我走进那间酒店的双人标间时，只见窗帘紧闭，她静静地躺在床上，没有丝毫反应，仿佛不曾察觉我的到来。面对这样的情境，我深知每一次呼吸、每一个动作，都可能影响她脆弱的内心。

我当时采取的解决方案是与她同频，静静地陪在她身边。她睡觉时，我守候在旁边。我守了她整整两天两夜，我们互不打扰。就这样互相陪伴，我们用心灵感受着彼此的存在。

终于，在第三天傍晚，她醒了。

看到我坐在她身边，她有些惊讶，问道："你怎么不跟我说话，你饿了吗？咱们先去吃个饭吧！"

那一刻，我感受到了她的变化，她的内心开始向我敞开。

后来，在我的陪伴与心理疏导下，她逐渐走出了心灵的阴霾。

如今，她有车有房，事业有成，过上了充实而幸福的生活。

或许你会好奇，这种咨询的费用会是多少？实话实说，我没有收她一分钱。她的家人曾给我两万块钱作为酬谢，但我拒绝了。那时的我，是没有自我价值感的人，是不敢谈钱的人。

通过这个故事，我想表达的是，作为一名心灵成长教练，你首先要心中有爱。有了爱的引领，你会更加有耐心地倾听来访者的心声。

爱也是建立信任的前提，它会使你们之间的谈话变得真诚而深刻，让每一次交流都成为心灵触碰的契机。

保持中立和客观

想做好咨询，你要保持中立，不要带有主观情绪，更不要任意评判来访者。你的心要像一片平静的湖水，没有风浪侵扰，甚至泛不起一点涟漪。

咨询过程中，你会遇到形形色色的人和事。当涉及一些敏感话题，比如婚外恋或孩子行为不当的问题时，你的内心可能会有一些起伏,这很正常,但请务必保持冷静和客观,把感性和理性分割开,展现出一种平和与接纳的姿态,告诉他们:没关系,你继续说。

1. 不贴外在"标签",关注内在需求

咨询工作的核心,是对他人真正的理解。

不管对方是谁,都有各种各样的需求,比如安全感的需求,情绪价值的需求,或者疗愈的需求等。这些需求的背后,是一个个鲜活的生命,而不是一个个简单的标签。当你能够真正理解他们时,你就会发现,原来世界如此多元和包容。

2. 关注社会心理,深度理解人性

关注社会心理,也是提升咨询能力的重要途径。我喜欢深入研究那些社会新闻中的案例,试图了解他们的成长经历和心路历程。

比如,社会事件里的某个重刑犯,我会去搜索他的过往经历。我不是他的律师,也不是要为他开脱,我想知道的是,他有着怎样的心路历程,导致他变成现在的样子。

当我在咨询中遇到类似的情况时,就能更准确地把握对方的心理需求。遇到一些危险的信号时,及时叫停,让对方换一个频率,来到新的、正能量的环境当中,为他们提供更有效的帮助。

3. 一视同仁,配得感让你更自信

在每一次的线下课程上,我都会让大家身着统一的服装。

这种做法，不光是为了让大家有一种团队归属感，更是要让我自己知道进来的都是活生生的人，而不是他们的身份。不论是事业有成的富商，还是负债几百万甚至上千万的人，哪怕是一个进过监狱的人，我对他们都是一视同仁的，我都会给予他们同等的关注和尊重。他们肯来到我面前，就说明他们有意愿去调整自己，我就应该真心实意地对待他们。

作为心灵成长教练，不要因为自己的某些优势而轻视咨询者，也不应该因为他人的某些成就而心生畏惧。面对来访者，即便其家境殷实、事业有成，也不应成为你退缩的理由。相反，若他在知识或经验的某个细微之处有所欠缺，比如未曾阅读过你熟悉的一本书，或未参与过你了解的一堂课，那么在这些方面，你便可贡献你的经验和感悟。

倾听与反馈

倾听与反馈，这不仅仅是一种咨询技巧，更是一门人际交往的艺术。在这里，我想分享一个很棒的技巧——重复对方的话语。它能帮助你更好地与他人建立连接，也可以让对方更容易接受你的建议。

想象一下，当对方表达出一个观点或感受时，你轻轻地重复他的话语，就像是给了他一个"回声"。

比如，当对方说：

我真的很难过。

我们回应：

你很难过，对吗？

这种简单的重复，不仅能让对方感受到你对他的关注，更能引导他进一步敞开心扉。这个技巧的底层逻辑是：人的记忆力并不像你想象的那么强大，适度地重复对方的话语，就像是为他的记忆加了一个锚点，让对方更加清晰地记住自己的观点和感受。

这个技巧不仅适用于心理咨询，同样可以应用于我们日常生活中的各种沟通场景。

比如，当你跟朋友聊天时，他先抛出一个观点：我一点都不想结婚，结婚就是传宗接代。随后，你们又持续聊了一个多小时。这个时候，你可以说："有时候，我真觉得结婚就是传宗接代，没有意义。"他听了，立刻就会说："对，我也是这样想的。"

他早已忘记了这个观点是他自己说出的，你把它讲出来，他就会觉得跟你太同频了！你太懂他了！

无论是向上社交还是向下社交，我们都能够通过这种方法,让对方感受到被理解和认同。

保持专业距离,避免咨询之外的社交接触

保持专业距离,是咨询工作的基本要求。

作为心灵成长教练,我们深知,当对方敞开心扉倾诉心事时,那种亲近感往往会在潜意识中悄然滋生。特别是在异性咨询中,这种亲近感可能引发不必要的误解,因此,我们必须时刻保持清醒,坚守专业的界限和底线。

建立"框架",不迎合别人的期待

每个人都应有自己的原则和界限,这就是我们所说的"框架"。这个框架不仅定义了我们的行为模式,也决定了我们与他人的交往方式。拥有清晰的框架,意味着我们能够自如地生活,不被他人的要求所干扰。

之前,有个人突然加我微信,我虽然有些不明所以,但还是通过了。没想到,她竟毫无社交距离感,直接打来语音电话。当时我确实在忙,便没有接听。过了四个小时,我用文字回复她后,她又连续打来语音电话。我嗓子疼得说不出话,只得婉拒。没想到,她竟发来一条51秒、一条30秒、一条5秒的语音消息,诉说着她的家庭内部矛盾,

我能够感受到她很痛苦，内心十分纠结。

　　针对她想要了解的情况，我并未直接回应，而是礼貌地告诉她，我会让我的助理与她联系。她随即表示助理解决不了她的问题，希望我能亲自介入处理。之后，我耐心地向她介绍了我的咨询费用及预约流程。

　　在整个交流过程中，我始终秉持专业态度，并保持适度的距离，明确地传达了我的价值主张。最后，她不仅理解了我的立场，还发展成为我们的合伙人。这再次证明，在保持专业距离的同时，敢于提出合理要求，就能彰显价值，甚至创造机遇。

　　建立自己的框架，是尊重自己、爱护自己的表现。它让我们在与人交往中保持独立和自主，不轻易被他人的言行所左右。当我们坚守自己的框架时，他人也会感受到我们的坚定和自信，从而更加尊重我们的选择和决定。

　　人生在世，身份是自己给的，规矩是自己定的。我们应该珍惜自己的独特性，坚持自己的原则和界限，不一味地迎合他人的期待，而是要做最真实的自己。这样，我们才能在人生的道路上走得更加坚定、自信和从容。

从微观处着眼，
关注具体的细节和事例，
则更能打动人心，也更容易让人信服。

心灵成长教练
如何处理难点、卡点？

许炜甜

以下几个心灵成长教练关心的问题,我逐一来回答。

Q:线下课时,如何面对那些既不愿意改变自己,又顽固地想要改变别人的人?

A:对于那些固执己见、拒绝改变的人,你不必过于纠结和争执。因为很多时候,试图改变别人的想法是非常困难的,甚至可能导致关系破裂或产生不必要的冲突。所以,可以选择保持开放和包容的心态,尊重他人的观点,同时坚持自己的立场。

Q:能否分享一些演讲时的小技巧?

A:**第一,一个观点配一个故事,多讲挫折,少讲传奇。**

演讲高手,就是讲故事的高手。很多人不会讲故事,哪怕故事是真实的,演讲者因为缺乏讲述的技巧、情感的带入,从而使其表达缺乏可信度,也没有趣味性。

我经常讲自己的挫折,所谓的"传奇"都是一句带过。如果只是一味地吹嘘自己的传奇经历,很容易令人产生反感和怀疑。我每次讲完传奇，都会再补充一个"反转"的故事：讲完自己获得 2000 万元投资，就要立刻讲到自己负债。

一旦自己的传奇讲多了，你就很容易把握不住节奏和重点，让对方觉得你在吹牛。如果你先讲了挫折，再讲传奇，将焦点放在挫折上，对方会觉得你勇于分享自己真实的一面，你的故事也才会更有张力。

第二，少采用宏大的叙事方式，特别是面对创业者和企业家时。

过于宏大的叙事往往显得空洞，难以解决实际问题。而从微观处着眼，关注具体的细节和事例，则更能打动人心，也更容易让人信服。

我不说情感的演变会是什么样，我会先设计一个故事情境，然后将演变过程模拟出来。比如在现场，我会和团队成员一同演练从彼此难过、吵架到放手不吵架的过程。

通过场景再现，我让听众真实感受到情绪变化，激发他们的好奇心，引起他们的共鸣。然后，我再从小处着手，给出具体建议。

在给出具体建议时，如果你能结合数据和逻辑进行分析，就能让你的观点更客观、更有说服力，也更容易被接受。

第三，禁止"自嗨"，不硬讲"发家史"。

先谈 Why，再谈 What，少谈 How。演讲应该聚焦于自己的初衷和目的，要讲自己的发心（Why），也就是你为什么要做这件事，以及当前正在做的事（What）。不要过多地讲述过程和原因（How）。我之所以这样说，是因为观众更关心演讲者做这件事的动机，以及他们能从演讲者的经历中学到什么。

第四，像做产品一样，从听众视角思考。

演讲者需要像做产品一样，始终从听众的角度出发去思考问题。这意味着演讲者需要深入了解观众的需求、兴趣和疑惑，然后有针对性地准备内容。演讲的每一句话都应该紧密围绕观众的反馈进行，你要观察他们的反应。如果他们的反应不对，你就需要反思并调整演讲内容和方式。

此外，演讲结束后，及时进行回忆和复盘是非常重要的。复盘可以帮助演讲者找出演讲中存在的问题，分析原因并思考改进的方法。通过不断地反思和实践，演讲者可以不断提升自己的演讲水平，更好地满足观众的需求。

第二章

自我管理，

保持充盈的心力

随时随地向任何人学习，
这就是"吸星大法"。

> **心灵成长教练**
> **如何持续学习，保持自己的状态？**

许炜甜

心灵成长并不是一蹴而就的，它需要时间的积累，以及不断地付出。

肚里有"货"，才能随机应变

丰富的知识和经验，是支撑你在心灵成长领域走得更远的核心要素。在复杂多变的现实世界中，你需要不断充实自己，让自己肚里有"干货"，才能在面对各种突发情况时迅速做出反应，摆脱困境。这种能力不是天生的，需要持续积累。

不管从事哪个行业，你都需要多读书。

书是智慧的源泉、心灵的食粮。保持对知识的渴望，多读好书，不仅能丰富你的内心世界，更能提升你的专业素养，让你在人生的舞台上更加自信、从容。想变得更加优秀，你就从读书开始。

我特别喜欢读书，读书对我来说，已经成为一种习惯，一种享受。无论是电子书还是纸质书，我都会阅读，享受这份热爱所带来的快乐。持续阅读不仅能够让我不断提升自己，更让我乐于跟大家一起分享阅读的乐趣。

每天抽出时间细细品味书中的智慧，是一种非常有意义的生活方式。

关注热点，跟谁都有得聊

我也很喜欢看时事新闻和娱乐新闻。我喜欢紧跟最新的社会热点，这样可以让我时刻保持与时代同步，把握住时代的"脉搏"。于我而言，这是一种生活态度，也是一种自我提升的方式。

这样做的原因很简单，因为我们会遇到形形色色的人，他们的兴趣和关注点各不相同。每个人所接触到的、所感兴趣的课题和话题是不一样的：有的人热衷于政治，对国际形势了如指掌；有的人则时刻关注着明星的动态，对娱乐新闻津津乐道。

在与这些不同背景的人交流时，你需要提前做好准备。例如，当你得知某位抑郁症患者关注政治，就需要在与他交谈前，对当前的社会热点有所了解。这样，当他提到某个政治事件时，你就能够与他展开深入的讨论，找到共鸣点，从而打开他的"话匣子"。

大家不需要每天拿出很多的时间，你只要拿出手机看一眼、扫一下热点新闻的标题，利用碎片化时间关注一下新闻热点，就足够了。对于年轻人感兴趣的一些话题，比如旅游、健身、骑行、徒步等，我也会去浏览相关的社交媒体，比如小红书、抖音、视频号等。我这样做，不仅仅是因为我喜欢关注新鲜事物，更是因为我作为一个心灵成长教练，如果能了解年轻人所关注的话题，就有助于更好地与他们沟通和交流，从而为他们提供更有效的心灵成长建议。

变成幽默的人，解围时才有"子弹"

要让自己保持敏感，它能帮助你更好地捕捉和感知周围的信息和变化。我特别喜欢看脱口秀，因为脱口秀演员通常都具备出色的即兴发挥和临场应变的能力。他们在现场遇到问题时能够迅速化解，这需要有丰富的词汇和内容储备，更需要灵活的思维方式和敏锐的洞察力。

通过学习和观察他们的表演，我们可以把脱口秀中的切片或元素融入自己的演讲中。

在处理突发事件时，我们需要掌握一定的度。过于正式的处理方式可能会让人觉得生硬、不够真诚，有时可能会引发误解和误判。相比之下，采用诙谐和幽默的方式来应对突发状况，往往能够有效地缓解紧张气氛，减少大家的负面情绪，获得大家的理解和接受，使问题得到轻松化解。

比如，一次讲课的过程中突然停电了。如果你郑重其事地给大家鞠一个躬，说："很抱歉，影响了同学们的听课体验。停电了，什么时候来电还不太清楚，请大家稍候，自行回去休息。供电恢复正常后，我们再通知大家。给大家造成不便，希望大家理解。"

学员们听完这段话，可能会觉得："这个培训太不靠谱了，浪费了我的时间。"

而我会这样说："哇，这么浪漫！又搞这种神秘的氛围。"我会立刻跟大家开玩笑，让大家在轻松的氛围中接受这一突发状况。

第二次更夸张，准备吃饭的时候停电了，学员们只好举着手机吃饭。

大家没有抱怨，因为我给大家打了"预防针"，说："咱也不知道什么时候能来电，大家打开手机的灯照明吧。注意，千万别把饭喂到别人嘴里哦。"

我用开玩笑的方式进行提醒，让他们对当时的状况做好了心理准备。

危机出现的时候，我们能够积极沟通和妥善处理，大家就会"大事化小，小事化了"，理解我们，信任我们。我们要允许自己犯错，也要允许他人犯错，给他人一个学习和成长的机会。

直面不足，珍惜骂你的人

每一次课程结束后，我都会专门让人去收集听课的反馈，并进行复盘和改进，对后面需要调整的地方做到心中有数。

对于收集到的反馈，无论是正面的还是负面的，我都保持开放和接纳的态度。正面的反馈可以让我变得更自信，让我更加坚定地前行；面对负面的反馈，我也不会有情绪。因为已经发生的事情只代表过去，我要用发展的眼光，而不是以结论的眼光去看待问题。

用以结论为主导的眼光看待问题，你会觉得："我果然不适合讲课，我果然不适合讲心灵成长。"而以发展的长远眼光看待问题，你会觉得："原来这种方式不适合我，我换一种方式看看是否适合。"

你要进步，就要直面自己，敢于拿自己"开刀"。就像雕刻一块大石头，需要不断的打磨和调整，才能最终呈现出精美的雕像。课程的打磨，也是如此。我们要不断地"找自己"，你自己都不敢去找，这个世界上更没有人愿意帮你找。

只有不断地收集反馈、进行复盘和改进，才能不断提高自己，在心灵成长的道路上越走越远。

要珍惜那些骂你的人、催着你进步的人，因为这些人原本可以不这样做。那些愿意指出你的不足的人，敢于批评你的人，实际上是在以他们的方式关心和帮助你。他们可能看到了你尚未察觉的缺点，或者希望你能做得更好。虽然这种批评可能会让你感到不舒服，但正是这些逆耳的忠言，能够促使你反思、改进，从而取得进步。

我们要让自己保持开放的心态，不受个人喜好或偏见的影响，真正做到"三人行，必有我师焉"。当我们遇到不喜欢的人或事物时，很容易受到"情绪脑"的控制，产生负面情绪和偏见。然而，如果能够暂时将情绪放到一边，先去学他或它身上好的东西，用"理智脑"更加冷静、客观地观察和分析，就能更好地发现其中的价值和学习的机会。随时随地向任何人学习，这就是"吸星大法"。

放下过往的执念，
感念当下，畅想未来。

"

心灵成长教练
持续精进的自我管理与修炼方法

王彦芳〈如是〉

根植于全息疗愈与心灵成长教练这个领域十年的时间，我见过很多同行者。可是，很多人走着走着就放弃了，也有很多人经不住考验和诱惑，去追求那些短、平、快的事情。

最近，有人相邀聚会。重新坐到一起，我发现大家的阶段性结果和人生的境遇已截然不同，气场也大不一样。被羡慕的同时，我总会被许多人这样问："你做了这么多个案，疗愈了这么多人，而且坚持了这么久，你究竟是如何做到的？"

我的自我管理和修炼方法，可以总结如下：

每天良好地蓄能与调频，时刻为咨询疗愈做准备

好的生命状态，首先应该是和自己和谐相处，每天调整好状态，专注于当下的每个念头和意识，并学以致用。精进自己的过程，本身就是幸福的。在感受快乐的状态下，能量

自然会被蓄满。

持续平和而愉悦的生命状态,源自爱的意识和内驱力,我是这么做的:

第一,每天在感恩的意识中醒来,更容易感受到幸福。

很多时候,我都会比闹钟预设的时间早五分钟左右自然醒来。每天一睁眼,我的第一个想法总是一样——这是多么美好的、全新的一天。

我感受到,空气随着我的呼吸深度滋养着身体的每一个细胞,眼睛所到之处,我会感受到一切事物都在支持着我、深爱着我。这种身体与外界的连接,使我很有安全感,我总是可以感受到自己充满爱和活力的状态。

很多人见到我,都会说:

"看到你,就感觉特别温暖。我能感受到你和常人不一样,充满着智慧、平和、友爱,我很想靠近你。"

每当听到这些话,我都会非常感动,感到很幸福。

第二,适时静坐和锻炼,在动静平衡中滋养生命。

根据我的经验,一天中最好的静坐时间是早晚6点—7点和早晚11点—12点。在这四个时间段静坐,以获取内在能量,我把其称为"四时静坐升能法"。

如果没有会议,也不出差,我就会在这些时间段进行静坐和冥想。就算是工作的间隙,我也会静坐一小会儿。哪怕是短短几分钟,我也能很快调整至最佳状态。此外,练习舞蹈、瑜伽等,也是我喜欢做的事情,这些都可以调整身心,净化心灵，赋予我能量。

第三，时时刻刻的放空与专注很重要。

放空是有意识地不去想任何事，只是去感受和专注于意识与身体的连接，专注于呼吸节奏，直到逐步地放空。

这个时候，整个人会呈现出一种状态——身体放松，心态平和。我给人的感觉是，无论任何事，我都可以从容应对。

这样做有一个好处，当我与学员或其他人沟通的时候，我可以很快进入状态，既能专注于倾听他人，也有助于及时给出解决的方案，来引导和帮助对方。

咨询或疗愈过程中的氛围营造

我身边的很多朋友和同行都无法在心灵成长领域坚持三年或者更久。很多人对我说，这个行业很耗能量，自己难以持续。

与他们进行深度对话时，我发现，他们不知道要保护自身能量，也不懂得如何调整自己的"磁场"，也就是为自己持续赋能。在咨询和疗愈的过程中，能量会影响到彼此。如果不对自我能量进行保护，轻者会感受到没有能量的持续，重者就会逐步被来访者带入同样的情绪困境里，甚至会对继续从事这个行业心生畏惧。

每每看到这样的分享，我就会为分享者感到惋惜。而我很幸运，能坚持到现在。我也深知未来还有更长的路要走。

在此，我非常乐意和大家分享我每天都在用的保护能量的妙招。

第一，明确来访者的意图和需求，并营造相应的氛围。

比如，进行家庭关系或亲密关系的咨询时，氛围的布置上要多用温暖的色彩，如红色、粉色和橙色；在进行企业咨询时，氛围的布置上要多用偏冷静、理性的颜色，例如蓝色、绿色、青色等。

从色彩心理学的视角来看，色彩能触动我们的心灵，引发多样化的情绪感受。红色、橙色和黄色等暖色调，往往能够激发人内心的积极情绪，带给我们热情洋溢与愉悦的感觉。

相反，冷色调如蓝色、绿色和紫色，如同大自然赋予我们的"镇静剂"，能有效地平息内心的波澜，促使情绪趋于平稳，营造出一种祥和而宁静的氛围。

所以，我通常会根据不同的咨询场合，精心挑选能够触达人心、引发共鸣的色彩，以传递正向的能量，增强来访者的心理体验。

我一直认为，正向的传导尤为重要，是心灵成长的必要基础，更是心灵成长教练的守护导航。

第二，咨询或疗愈中的专业指导、中立客观的陪伴是决胜的关键。

在心灵成长这一领域里，众多从业者都有着各自的心灵故事。在咨询或疗愈的过程中，遇到和自己过往经历相似的人时，如果我们的意识不够中立，就很容易被对方的情绪带着走。一旦共情就会深陷其中，我们就很难有效地帮助对方了。同时，来访者无法在这个过程中得到有效的帮助，拖延了最佳心灵疗愈的时间，或因此对你，甚至对这个行业失去信心。

在我们进行咨询指导的过程中，"多元意识同在"尤为重要。我通常会用到三个意识：

1. 旁观者意识

在咨询或疗愈的过程中，我们要做一个旁观者，不要进入讲述者的视角。这个意识能很好地监督我们自己，让我们想办法做得更好。

2. 中立的意识

全然地聆听，感受对方的情绪，适时地做出回应，必要时打断和引导，但是千万要保持中立，不要带有自己的主观情绪。这个意识越清晰，咨询和疗愈的节奏就会更好，效果也会更好。

3. 观察统筹者意识

线上或线下的咨询或疗愈，都需要一个"观察员"，时刻注意整体事件的发生和演变，以便针对突发的紧急情况做出快速回应。

线上咨询的时候，我们要随时关注网络状态和环境，这一点非常重要。如果出现网络卡顿、延迟或断线等我们无法处理的情况，就很可能影响受访者的情绪，进而影响沟通的效果。

在线下环境里，要看有没有需要快速做出回应的事件。比如，在咨询的时候，突然下起了暴雨，或者通信设备电量不足，这些都需要我们从观察者、统筹者的视角出发，来监督并适时做出回应和调整，以便咨询和疗愈不受外界干扰。这样做能让来访者更安心。

咨询疗愈后的能量平衡与修复，是赖以继续的根本

在现实生活中，不少人存在一种误解，认为咨询与疗愈的流程结束后，所有问题便迎刃而解。更有甚者，部分来访者还热衷于邀请疗愈咨询老师一同聚餐，再将原本严肃的疗愈内容当成谈资，随心所欲地大肆谈论。

他们将这类活动视为增进彼此感情的机会，认为和咨询老师私下交流越多，感情就越深。即便老师出于礼貌或专业素养，婉言拒绝来访者的请求，还会令他们感觉受挫，认为是咨询老师或教练不尊重他们。

当来访者或案主过分沉溺于过往的纠葛中，咨询与疗愈的效果往往会大打折扣。最理想的状态，是放下过往的执念，感念当下，畅想未来。

所以，在每一次咨询与疗愈圆满结束后，彼此表达感恩与祝福，并相信经过咨询和疗愈，当下一切正在往更好的方向发展。这样的彼此相惜，更能成就久远！

作为在行业内深耕十年的"老将"，我想给你两点宝贵

的建议：

1. 服务圆满结束后的复盘重要且有意义

复盘这一行为，可以成为个人经验可贵的、真实的沉淀和积累。复盘的次数多了，我们可以窥见人类集体意识中的一些共性问题。这一发现对于提升个人职业思维的层次，以及推动普遍指导法则的理解与应用，都非常有效。

在复盘的过程中，能量和值得感会随之提升，这个过程也是回流和平衡的过程，把思维转为可见、可传的文字，也具有强大的自信力与传播力。我累积的咨询和疗愈报告，或许都可以结集成书，甚至我觉得那些经典的疗愈故事，如果有机会，都可以拍成影视作品去唤醒人们的觉知与意识。

善用记录，奇迹也在其中！

2. 快速恢复元气和能量是爱自己的表现，也是持续蓄能的关键

我常用的方法是放空自己，走进大自然：用手抚摸或触碰小草、大树，感受它们蓬勃的生命力；深深地呼吸新鲜空气，凝望天空，看云卷云舒，眺望原野，观飞鸟入林，让天地之气滋养身心，让幸福的意识和感觉融入身心！

我也相信，会有越来越多的人跟我们一起创造爱、传递爱。愿我们都能活在满满的爱意中，愿整个世界都沐浴在爱的光芒中！

对于心灵成长教练来说，
"中正""中和"也是需要恪守的原则，
秉持这样的理念，坚持做好分内之事，
我们的事业才有良好的根基。

"

国学智慧
给心灵成长教练的自我修炼锦囊

义门陈酒夫子

作为心灵成长教练，我们可以从中国优秀的传统文化中汲取精华，为我所用。

汉字的魅力

古代埃及、古代巴比伦、古代印度和古代中国，是世界文明的四大发源地。几千年过去，曾经灿若繁星的古代文明，其他三个都已湮灭，为什么只有中华文明绵延至今？我们可以自豪地回应：因为我们是"龙的传人"，我们有绵延不绝的文化基因。

国学具有无穷的魅力，汉字便是其中的重要组成部分。我们来看"中""华""国"这三个字。

"中"字，"口"代表着宇宙，中间这一画开天，阴阳分两边……"中"在中国古代哲学中代表着不偏、中正的意思，也表示一种人生处世的态度，比如"中庸之道"。儒家经典《中庸》中说：

> 中也者，天下之大本也；和也者，天下之达道也。致中和，天地位焉，万物育焉。

意思是说，"中"是天下最为根本的东西，"和"是天下共同遵循的法度。达到了"中和"，天地便各归其位，万物便能自然地生长发育了。

对于心灵成长教练来说，"中正""中和"也是需要恪守的原则，秉持这样的理念，坚持做好分内之事，我们的事业才有良好的根基。

"华（華）"字，本义是植物开出的花朵，这是它们生命的绽放，也象征着光明和温暖。

"国（國）"字，内有"戈"，持戈人为"兵者"，两兵相接就是"争战"。"止戈"为"武"，不用武力而使对方屈服，才是真正尚武精神的"武功"。

这一点在国学经典中早有呈现。《孙子兵法·谋攻》中说："不战而屈人之兵，善之善者也。"这种"止战"思想，是用全胜计谋平和天下的高维智慧。

汉字的魅力是无穷的。很多汉字演变的背后，都有着精彩的故事，以及对我们心灵成长教练的启示，大家不妨去探究一番。

心如何灵？

《黄帝内经·素问》中说："心者，君主之官也，神明出焉。"心主百脉，开窍于舌。有了舌，人就能把天籁之音表达精准，因此心正向，问道自然则灵。不过人间尚有尔虞我诈，所以防人之心不可无，一切都落在这个"心"上。

回想孔老夫子所感慨的"礼崩乐坏"，物质、精神、灵魂都曾备受煎熬，当今心灵成长教练也肩负着重任，要引导人，帮助人，和大家一起成长。

关于心性修养，心灵成长教练也可以从国学经典中汲取相应的智慧。孙思邈的《备急千金要方》里面就说："心有所爱，不用深爱，心有所憎，不用深憎，并皆损性伤神。"意思是说，修心之法，贵在静怡中和，切忌过度和猛烈。如果你有深爱着的事物，千万不要过分投入。同样地，如果你有非常厌恶的事物，也不要一直持有"恨"的念头，否则一定会有损心性。

到底是教还是练？

在现代汉语中，"教"有两个读音：jiāo 和 jiào。读作第一声时，"教"的意思就是把知识和技能传授给别人，比如"你不懂的我教你,我不懂的你教我",或者我们常说的"教书先生"等。而读作第四声时,意思就是传授的过程,例如"教学""教导""教研""教化"等,还有宗教之意,或者表示"使、令、让"的意思。从深层意义上来理解,读第一声时,有更"亲切"的意味,而读第四声时,则重于威,例如"教化""教育""宗教""管教""劳教"等。

"练"是一种行动实践和历练,是经历和磨难。如果能像《孟子》中说的"苦其心志,劳其筋骨,饿其体肤,空乏其身,行拂乱其所为",必然能够在经历磨难和挑战之后,实现自我超越!

"教"需要传授,"练"需要领悟,两者相辅相成,没有谁主谁次,谁先谁后,需要像阴阳一样和谐统一,相互转化,灵活应变。

只教不练,可能导致理论丰富但缺乏实践能力;只练不教,可能导致实践经验丰富但缺乏理论指导。从这个意义上来说,"练"的过程,也是学习的过程,是在实践中学习,在实践中成长。

其实,教育和学习不仅是知识的传授,更是对真理的探索和心灵的启迪,是与真理相通的过程。

作为心灵成长教练,我们在教育和学习的时候,不要局限于书本知识,也不要过于依赖书本,应该保持开放的心态,不断学习和成长,实现自我的价值。

不能"囊中羞涩"

说到"囊中羞涩",人人会想到金钱,人人会想到经济。

其实,真正"囊中羞涩"的不是物质上的缺乏,而是思想和精神上的空虚,有输入的能力,才会有良性的输出。经济应该是活跃和具有创造性的,就像《庄子》中说的,能够"化腐朽为神奇",但是有的人却把活跃的经济物质化,忽视了经济的深层价值和个人的精神追求,把"单一的物质财富的获取"作为成就。

现在,有很多人学业有成,却就业不成。为什么呢?因为他们"囊中羞涩",肚子里没"货"。囊中羞涩如何解决呢?

如果你身体健康,却还认为自己"囊中羞涩",那说明你不够自信,对自我的认知还不清晰。那就需要了解自己,建立自信,不断成长,才能避免自我贬值。

正人先正己

"父母是孩子的第一任老师",这一理念其实在现实生活中很难实现,除非父母能够达到一定的水平。

成人世界有成人的游戏,比如表面和善,背后却说人坏话,为了达到目的而不择手段,以至于孩子的世界观也受影响。有些孩子甚至因父母管教不当，出现沉迷游戏、自闭、厌学、逆反等行为。

《论语·子路》中说："其身正，不令而行；其身不正，虽令不从。"孔子认为，管理者如果自身行为端正，不用发布命令，他想做的事都能很顺畅地去做；如果自身行为不端正，就算发布了命令，被管理者也不会听从。

其实，这就是榜样的力量。家长教育孩子的过程中，不注重自己的言行，却在言行上要求孩子，孩子怎么可能会听你的话呢？所谓"言传不如身教"，做父母的想要培养孩子的品德，就应该处处做孩子的表率，在方方面面都成为孩子的榜样。

心灵成长教练和学员之间也是一样。教练是学员的一面镜子，只要教练不断学习和提升，学员也会受到激励而不断进步。然而，在心灵成长教练中，为了谋生而失去自我的人，不在少数；也有部分人为了追求生命的意义而不断追求外在成就，却忽视了内心的成长。

作为一名心灵成长教练，正人先正己，才有源源不断的正向能力，把自己活成学员的榜样。

心灵成长是无限期的

心灵的修炼是无限期的，没有尽头。我们要时刻保持学习的心态，要做好终身成长的准备。

医能自医者才是明医，为人师者先为己师。心灵成长教练也一样，作为受访者的心灵成长引路人，要想做好这一事业，就得做好坐"长途列车"的打算，这趟"列车"没有终点，中间也不会"停车"。你的发心就是起点，你的愿景就是终点，你要有深邃的洞察力与理解力，还要有坚定的信念与远大的志向。要记住，做心灵成长教练，是一辈子的事情。

作为心灵成长教练，请把学员的成长权利还给他们，去理解和包容他们，做好陪伴和引导。

如何做到一专多能？

作为一名心灵成长教练，未来要想拥有一专多能的生存竞争力，就要注重身心健康的发展，把自己的健康作为战略资源来经营管理。

我送给大家三句话，可以慢慢细品：

> 时间是生命的开关。
> 预防是健康的手段。
> 求知是幸福的源泉。

国学博大精深，包罗万象，蕴藏着丰富的思想和心灵成长的智慧。常读国学经典，我们能够从中汲取丰富的营养，滋养自己的心灵，从而修身正己，摒弃私欲，塑造高尚的人格，不断进步。

世界从来不缺实证的勇士，
缺的是真正有效的方法，
缺的是走向内在自由、找回心力的方法。

"

心灵成长教练
如何释放自我情绪?

太初〈Gloria〉

大家有没有遇到过这样的困境：上过很多导师的课程，跟他们学了很多心理学、哲学、佛学的知识，一开始可能觉得有用，可是后面越上课越依赖老师，不定期上课就感觉心力不足。成长到一定阶段反而被导师教授的东西限制住。

我当时就遇到了这个困境，自己想要活成一道光，活成学员们的"太阳"，去照亮他们，但事实上我也需要定期跟导师课程，补充心力能量，才能照亮他人，而不是自己源源不断产生能量。我感觉自己只能算是"灯泡"，通电就能照亮他人，不通电就无法照亮他人。

心力成长的四个阶段

有没有什么方法能通过个人的实践与体验，全面恢复并增强自身的内在能量，使后期不再依赖老师的课程"充电"，让自己能够真正地活成照耀他人的"太阳"呢？

带着这个疑惑，我回顾了一路上遇到的各种学员的问题。经过汇总和分析，我大致提炼了心力成长的四个阶段。下面我通过剖析自己的案例，简述一下这四个阶段。

1. 外求激励阶段

我大学刚毕业，就进了一家千人规模的公司做销售，很快就成了销冠，之后几乎每个月都是销冠。工作的压力，以及积累的负能量，都没有办法及时消解，我必须靠每天看成功学的书、喝励志"鸡汤"来支撑内在的心力。一开始我感觉力量满满，但是看得多了，头脑在重复接受，心里的感觉却充斥着自我怀疑、压抑、不信任，甚至是抵触。我的心是拒绝的，感觉身心是分离状态，内心的力量就好比手电筒，充电就亮，电量不足就暗。

2. 心法跟不上技法阶段

当我见到很多人在分享澳大利亚作家朗达·拜恩《秘密》中的吸引力法则时，我对其产生了浓厚兴趣，并试图探索该法则的实践运用方法。

我把《秘密》这本书和电影看了十几遍，做笔记、写日记、贴梦想海报、制作"梦想手册"等，能做的都做了，但是没有效果。最后，我爸爸把我贴在客厅的梦想海报撕了，说我想做的事情是天方夜谭。付出和效果之间的巨大落差，以及家人对我的"打击"，一度让我产生了怀疑：为什么别人说有用，我用了却没有效果呢？

我对这段经历进行深入分析，发现我的心力没有提升，只是机械地使用方法,把自己当作行动者,去实现目标,结果必定是不理想的。因为这一阶段的核心在于心法,心法跟不上技法,心法就不会起作用。

3. 心灵探索与学习阶段

后来,我又开始心灵的探索与学习。学习下来,我最大的感触就是:理论知识是通用版本,以事为本,而不以人为本;每个人的成长经历不一样,限制条件和"卡点"不一样,对系统知识的吸收程度也不一样;不听课就感觉空落落的、没能量,还会怀疑是自己的问题;有用也不知道到底是为什么有用,有种"知其然而不知其所以然"的感觉。

因此,我一旦脱离老师,就很容易感觉心力不足。我需要持续听课来补充心力,整个人处于花钱听老师讲课、用钱换能量的阶段。

可是,我学了太多,知道了太多,知道了需要做什么,却依然不知道怎么做!我们用霍金森能量层级图对照一下,就可以知道能量频率至关重要。但问题是,我们不知道怎么提升能量频率。

很多老师都告诉你要提升能量,却不教你怎么提升;很多老师都告诉你,要调动感觉、释放情绪,却不教你怎么做;很多老师都告诉你,要活成一道光、活成爱本身,却不教你怎么活。

那么,到底有没有什么方法是真真正正地根据每个人的成长经历和"卡点"(限制)来量身定制的,让每个实践它的人都能达到行之有效呢？到底有没有什么方法是能讲清楚疗愈原理、显化原理，从根源提升心力，把力量交回给自己的呢？

世界从来不缺实证的勇士，缺的是真正有效的方法，缺的是走向内在自由、找回心力的方法。

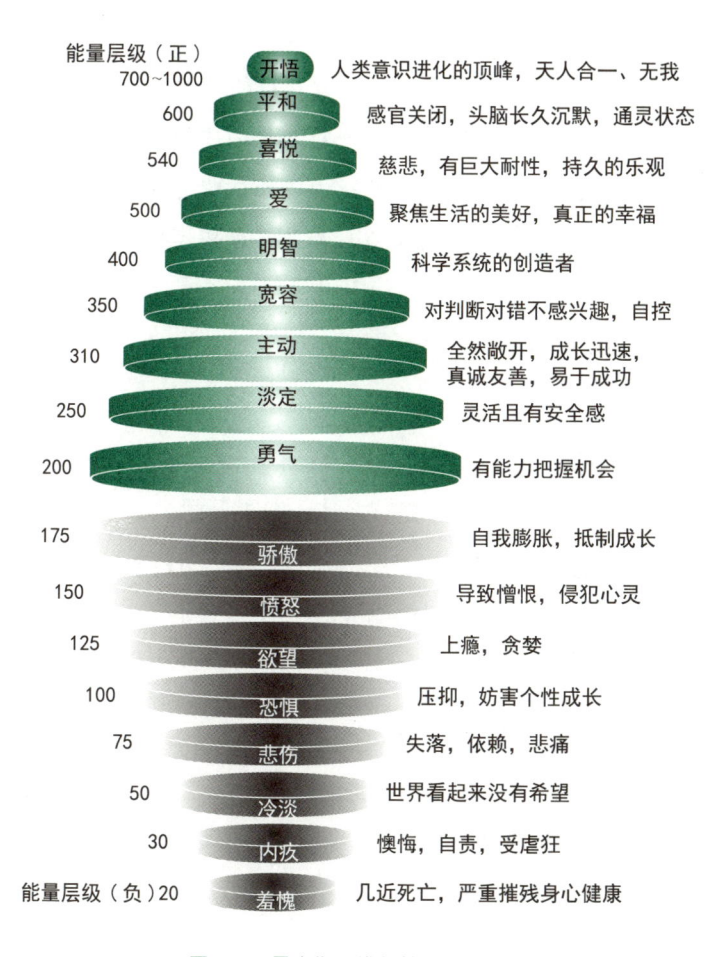

能量层级（正）		
700~1000	开悟	人类意识进化的顶峰，天人合一、无我
600	平和	感官关闭，头脑长久沉默，通灵状态
540	喜悦	慈悲，有巨大耐性，持久的乐观
500	爱	聚焦生活的美好，真正的幸福
400	明智	科学系统的创造者
350	宽容	对判断对错不感兴趣，自控
310	主动	全然敞开，成长迅速，真诚友善，易于成功
250	淡定	灵活且有安全感
200	勇气	有能力把握机会
175	骄傲	自我膨胀，抵制成长
150	愤怒	导致憎恨，侵犯心灵
125	欲望	上瘾，贪婪
100	恐惧	压抑，妨害个性成长
75	悲伤	失落，依赖，悲痛
50	冷淡	世界看起来没有希望
30	内疚	懊悔，自责，受虐狂
能量层级（负）20	羞愧	几近死亡，严重摧残身心健康

图 2-1　霍金斯思维与情绪能量层级图

4. 自我觉醒与成长阶段

应着内心的呼唤,机缘巧合之下,我接触到了圣多纳释放法(Sedona Method),它是由莱斯特·利文森创立的。他的一段文字,触动了我,让我下定决心去好好实践一下。莱斯特·利文森说:

> 任何人都不应该接受任何事情,除非他们能够自己证明出来。有两种方法来证明事情,外部的和内部的。外部的证明是在世界中去实现它;内部的证明是在事情发生之前凭借直觉看到它。你不应该相信我说的任何东西,而是通过你在生活中亲自去实现更大的成功、更多的财富、更强烈的幸福感和更好的健康来证明它。

我系统地研究和实践了他的方法。在实践的过程中,我获得了内心长久的平静与安宁,并迈向了开悟,理解了我们身处这个星球的真正目的。这一年实证的心力成长,远超过去 30 年的积累,生活的方方面面都有不同的收获。

情绪处理的三种方法

情绪处理有三种方法,分别是压抑、表达和释放。其中,压抑和表达是广为人知的处理情绪的两种方法。

1. 压抑

压抑是对情绪所能做的最糟糕的事情，就是对情绪视而不见，它导致压抑的能量积聚，最终驱使你以不喜欢的方式无意识地行事。

2. 表达

表达是把感觉付诸行动，有时会给人一种很好的解脱感。然而，这只是暂时缓解了你所感受到的压力，并未从根本上清除情绪。而且，这对被表达的人来说往往是不愉快的，有时我们还会因为这样做而感到内疚，从而导致进一步的痛苦。

3. 释放

释放法，即"圣多纳释放法"，是处理情绪最健康也是最好的方法。这个方法能够让你从根源上释放情绪本身。每次使用这个方法，你就能消除一点被压抑的能量，直到所有被压抑的能量全部消除。这里要重点说明，不是只有负能量需要释放清理，正向的能量，比如"得意""犀利"等也需要清理。释放掉坏感觉，好感觉会自动浮现。释放掉好感觉，更好的感觉会浮现出来，最后最高的能量层级是平和，比自信、感激、高兴等层级更高的意识能量水平，就是佛家所说的"空"。释放的效果是累积的，每次释放，你会感到更轻松、更快乐。持续释放，你会持续感到更轻松、更快乐，你会更加自然而然地感到自由和安宁，思维变得更加清晰，目标和方向变得更加积极和有建设性，从而促使你做出更好的决策。

释放法是一个情绪释放"系统"

释放法是一个有效的情绪释放"系统",它能通过特定的"技术",简单的流程,非常有效地释放你的情绪,让你能快速提升自己的意识能量层级,到无畏、接纳、平和这几种很高的意识能量水平。

释放法的原理就是:解除心智的限制后,真正的"我"就会自动浮现。心智就是我们的头脑,包括我们的信念系统、思维模式、情绪感受,以及潜意识指令。

心智的运作过程:首先是"我"的意识感知到世界上发生的事情,然后五种感官(视觉、听觉、嗅觉、味觉、触觉)通过"识别器"分析信息,然后将信息传递给头脑,头脑通过感知、记录,"重播"既定的程序,对信息进行认知,最后"我"的意识做出反应,或做出决定。

心智模式由以下四部分组成:

一是思维模式;

二是信念系统;

三是情绪感受;

四是潜意识指令。

三维世界中,我们通过感官——眼、耳、鼻、舌、身,把收集到的信息(视觉、听觉、嗅觉、味觉、触觉)传递转化储存到心智模式中。各种情绪感受，形成不同的想法、观点和价值观，进而形成不同的潜意识指令，这些都决定了我们应对世界的方式。

释放法是直接作用在四维心智模式上的，当我们释放情绪感受，释放掉一个潜意识的情绪"卡点"，被这个情绪"卡点"所驱动的成百上千的负面想法，就会随即消失。

释放法做释放清理过程最核心的关键是练习册和情绪图表的使用，情绪图表是我们潜意识的客观呈现，练习册是释放过程的量化工具。

潜意识里面是各种各样的垃圾、念头、信念、情绪，等等。因为一秒钟能产生几万个念头，清理念头是没完没了的，好在念头是由情绪驱动的。潜意识的情绪细分为400多种，归纳为9大类，最终归纳为潜意识的3大底层欲望驱动。用情绪图表直接给潜意识垃圾做了垃圾分类，直接释放念头背后的驱动情绪欲望，相关的成百上千的念头都会被一并清理释放，效率更高更快。同时它也是一张行动力量表，比如你的情绪感受在万念俱灰最低的能量层级时，你可能只想躺在床上什么也不想做，当你释放掉"万念俱灰"的情绪时，可能到了悲苦，但"悲苦"比"万念俱灰"多了一点能量，当释放感受到无畏、接纳、平和这些积极的高能量感受时，行动上会自然变得更主动。

释放的操作

接下来，进入释放流程，想到一件最近困扰的事情，把困扰的想法、感受写在事情后面，然后闭上眼睛，注意力集中在胸口的感觉中心，觉察一下第一个冒出来的情绪是什么，对照情绪表格。我们以"万念俱灰"为例：

第一步，继续去感受这个"万念俱灰"的感觉，注意力一直集中在胸口感觉中心，问自己："你能让这个万念俱灰的感觉离开吗？"

回答：能/不能。

第二步，注意力依旧集中在胸口感觉中心，感受那里的感觉的变化和能量的流动，问自己："你愿意让这个万念俱灰的感觉离开吗？"

回答：愿意/不愿意。

第三步，注意力继续集中在胸口感觉中心，感受那里的感觉的变化和能量的流动，再问自己："你什么时候让这个感觉离开？"

回答：现在。

完成这三步，就完成了一轮释放。注意，一定要关注自己的感觉中心，去觉察这个事件你当下最真实的第一感受，而不是头脑的感受。感受到什么回答什么，释放它，一轮又一轮。每释放一轮，就是在潜意识中清理一次潜意识垃圾，一直释放下去，直到胸口浮现无畏、接纳、平和的高能量，算一次优质的释放，记得记录下每次的收获。这个方法最大的优点在于科学的潜意识清理原理，加上足够尊重每个人的感受，以人为本，因为每个人的卡点限制形成原因都是不一样的，对同一件事情的感受想法也是不同的，从潜意识最根源在做符合每个个案潜意识垃圾的清理，整个过程经验丰富的导师只是科学地引导，个案自己才是卡点清理的真正主导。从根本上解决了通用版本疗愈方法的限制，或者受到导师主观意识影响的痛点。

因为清理的效果是累积的，再多、再大，哪怕积累了几十年的潜意识垃圾，与无限存在的无限比起来，终归是显得如此有限。

所以，请大胆地开始释放吧！

你的眼睛"能"看见,
你的耳朵"能"听见,
是由你做主的,
生命的主动权从不在外面的声色犬马。

心灵成长教练
如何清理自己的负能量？

孟彧先生〈吴穗琼〉

心灵成长教练,每天都要与形形色色的学员接触,可能要接收各种各样的负能量。因此,他们更需要及时清理自己的负能量,这样才能更好地为学员提供帮助。

什么是负能量?

关于"负能量",我们先明确定义:

第一,表示能量值。指能量不好了、低了、差了。

第二,表示能量变化的方向,也就是能量往下走的趋势,与能量值本身的高低无关。本文特指外界比你低的能量与你发生关系时,把你原有的能量往下带的苗头。

这里的"负能量"与我们本来的能量水平无关。比如,你原本的能量值是60分,今天你很高兴,能量值升到了65分,那今天你就充满了正能量;如果你原来的能量值是200分,今天因为某个来访者对你提出负面评价而心情不佳,能量值降到了 180 分，那今天你就加载了负能量。

需要注意的是，这里的 60 分和 200 分是人与人的能级区别，能级越大，影响力越大。这在东方传统文化语境里，经常跟一个人的"德行"挂钩，也就是古人常说的"厚德载物"。德行越"厚"，可供调配的资源越多，能承载的成就和财富就越大。

了解了负能量即能量往下走的趋势，那么清理负能量，就是指当能量出现往下走的趋势时的积极干预。

一个优秀的心灵成长教练，除了提升自身专业水平之外，更要随时觉察自己的能量趋势，并有能力、有方法进行主动干预。比如，一个小孩的笑声可能会让你不禁嘴角上扬，这便是能量趋势的上涨；父母一声叹气有时候会让你心里一紧，全身紧绷，这便是能量趋势的下降。日常生活中时常保持觉察，是有意识干预的前提。

心灵成长教练为什么需要清理负能量？

众所周知，心灵成长教练承担着一份特殊而重要的使命。他们的工作不仅要求专业知识和技能，更需要深厚的共情力和情绪管理能力。他们往往是接触他人痛苦和困扰最多的人，来访者会释放压抑、委屈、紧张、恐惧、痛苦、愤怒、憎恨、狂暴，甚至有不符合社会道德规范的隐私与阴暗面等。长年累月与这些负面能量在一起，再积极向上的人，也难免会受到浸染，这需要我们自身有极强的净化能力，能定期做好负能量清理。

比如心理咨询师必须有督导，这已是行业的规范要求。专业的督导不仅能为心理咨询师提供持续教育的机会，提高专业技能和知识，还能提供一个安全的环境，让咨询师能够表达自己的感受，得到情绪支持。然而，目前主流的心理督导，主要面向专业的心理咨询从业者，对此套体系外的大部分心灵成长教练而言，这部分支持显得尤为不足。

关于个人的情绪排解和负能量清理问题，除了专业的督导支持，我们可以从咨询师"自心"上解决，这是我经常跟大家谈起的"能所分离"心法。

下面我们对比一下西方心理督导与东方能所分离心法的区别。

1. 需要外力与自我实现

西方心理督导帮助咨询师提高咨询技巧，通过在专业技能上的不断加强与完善，在双方互动中，由督导为咨询师进行负能量疏导，是督导向咨询师赋能的过程。

东方的能所分离心法，需要从业者掌握原理后，以此为工具不断反观自身，只需要不断提高自己的觉察力，一分觉察一分清理，一个人即可完成为自己赋能。

2. 术与道

西方心理督导，在"术"的层面，以更完善、更规范的技巧，为咨询师提供更多、更丰富的应对方法,是在问题出现后再一一解决。

东方能所分离心法,在"道"的层面,从源头砍断,通过激活"防火墙",使负能量进不来,在问题出现之前就截住。

3. 高价与免费

西方心理督导首先是费用不低,其次还需要双方约好时间,并在特定的环境下进行,需要为此专门规划时间与出行的日程安排。

东方能所分离心法不仅是免费的,而且可以随时随地,可在咨询中抽空起意,也可在闲暇时专门清理。不仅时间上自由,空间上更是只需使用者自己静下来、沉进去,坐着、站着,哪怕躺着,都可以给自己进行清理。

4. 适用单一人群与适合广泛的健康从业者

西方心理督导方法主要应用于心理咨询行业,而东方能所分离法,不仅适合心理咨询师使用,其他心灵成长从业者也同样适用。

负能量彻底清理与隔离的核心:能所分离

能量管理从觉照开始,它依靠人的向内的觉察能力,我称之为"能所分离"法。

首先,浅谈一下什么是"能"和"所"。我们的眼睛能看见东西,视而见物;耳朵能听见声音,闻而听声;鼻子能嗅到味道，嗅而晓香；口舌可以品尝到五味，尝而知味……这种能看、能听、能嗅、能尝、能触、能思的能力，是人天生就拥有的，称之为"能"。建立在"能"之上，能看见的、听见的、闻到的、尝到的、感受到的一切具体的内容，就是"所"。

知道了"能所"，接下来谈谈什么是觉察力。简单来说，我们平时听到声音会去辨别这是鸟声、那是车声，看到景物会去辨别这是花、那是人，这些都是向外的觉察能力。而向内的觉察能力，指我们听到声音时注意力回收，知道是耳朵在听，不论听到的是鸟声还是车声，都是耳朵在听，这种功能和外面的鸟和车没有关系，也就是回到"能听"的出发点上；同样，看到景物时注意力回收，知道是眼睛在看，和外面的花和人没有关系，回到"能看"的出发点上。注意力回收，不往外散发到鸟、车、花、人之上，而轻轻放在自己的耳朵、眼睛处，便是较初级的向内觉察。

习惯于向内觉察的人，时间长了，会发现自己能听到、能看到的细节信息比以往更多、更丰富。渐渐地，整个人能感觉到，我们的感官所能摄取的信息，于整个宇宙而言，其实是微乎其微的。

基于常常向内觉察的练习，我们的心量会变大、心态会变稳，以前很在意的某只鸟、某辆车、某朵花、某个人，现在能真切感知到它只是我们周围世界的一小部分，更能做到情绪上的隔离，即不因对方变化而引起自我心绪的波动。这里比较重要的是要经由练习而获得这种隔离的能力；而不仅仅是停留在头脑知道，但碰到实际事项时却无能为力的那些肤浅的了解上。

我在情绪与能量管理这个领域，20多年来不断学习吸收东西方文化精髓，基于能所分离心法，摸索出了极为实用又方便操作的三招，在此分享给大家。

第一招：断功（初级法）—— 不接收。

当我们的眼睛、耳朵、鼻子等身体器官的感知"能"，在接触到来自外界的景象、声音、气味等刺激时，对这些"所"可以自由选择接收与不接收。训练对不良信息及时按下暂停键，不接收，不输入。

第二招：舍功（中级法）—— 不加工。

当身体感知的"能"接收到外环境的"所"后，因过往经历，我们会不自觉地对进入的"所"进行加工，变成带有不同含义的信息。如杯弓蛇影，看到弓的影子，大脑迅速与以前看过的蛇比对，把弓影加工成蛇的信息，把自己吓一跳。舍功练习不让大脑随意加工，让信息尽可能还原本来面目，不类比，不延伸，不加工。

第三招：化功（高级法）—— 破模。

过往的经历会影响每一个人的行为模式，很多我们并不喜欢的习惯，会在不知不觉中影响我们。随着"能所分离"的训练，觉知力不断提升，通过刻意训练，发现行为背后被习惯裹挟的深层恐惧。可以自己对潜意识、印痕等进行自我清理。打破影响我们成功的旧有行为模式，同时以积极、正向的生命能量，重塑自我。

上面第二招、第三招，看起来似乎不可能，但其实遵循一定的训练方法，是不难做到的。因篇幅限制，这里不再展开说明。只重点讲解第一招"断功"，也足够大家使用了。

比如，眼睛可以看见颜色，是"可以"看见，不是必须看见，红色的衣服放你面前，你可以看见它，但不是必须看见，你可以视而不见；电视放着球赛的声音，你可以听，也可以选择听不见，这就是"断功"。

"能所分离"心法的核心就在于此，是明确知道"可以看见、可以听见、可以闻到"才是生命的主人，你的眼睛"能"看见，你的耳朵"能"听见，是由你做主的，生命的主动权从不在外面的声色犬马——决定你能看见的不是外面红色的衣服，决定你能听见的不是球赛的声音，决定你能闻到的也不是饭菜的香味。我们要知道什么才是生命的主动权！我想听，便听；不想听，有声音在我耳边响，我也听而不见。

举个大家日用而不知的例子：想象你此时正在客厅专心地看球赛，中间来了一个电话，你拿起电话就开始和对方聊天，在与对方聊天的过程中，电视机里此时热烈的呐喊声你是听不见的。

大家千万不要以为这只是件很普通的事，其实，这正是我们生命的"大能"所在。你是可以随时"切断"外面的杂音的！这种能力，我们常常日用而不知，因为我们缺乏觉察。

当开始向外和向内觉察、刻意训练这种能力，就是良好的自我情绪管理以及能量提升的方法。

"断功"的关键，在于你的听而不闻、视而不见，也就是中国人最喜欢的摆件之一"三不猴"所表达的含义——说不出，看不见，听不闻。

下面我再来举一个例子，说明一下。

晕船的经历，相信很多人都有过。有一次我和朋友们出海玩，要坐快艇。海上浪高风大，小小的快艇被浪抛得上上下下。我边上的朋友当时脸色逐渐变青，嘴唇变白，她说她忍不住了，想吐。我马上抓住她的手，让她深呼吸，在一呼一吸中把身体放松，不要抵抗。随着船身一上一下，身体自然地向上向下，不抵抗。

之后我让她眯起眼睛，看着前方，船头一会儿被高高地抛起，一会儿又跌落，船上的救生衣带子，及前面人的头发，也随着船身上上下下地翻飞。

我告诉她眯起眼睛，只是看，那些满眼的上上下下，是它们在动，你的眼睛没有上上下下。你把注意力全部放在你的眼睛上，你的眼睛是相对不动的，那些船上的上上下下，是它们自己在上下，与你的眼睛无关。深呼吸，把注意力放到眼睛上来，它们上下它们的，你不跟随它们，然后继续深呼吸。

"你眼睛看着这个浪，都只是外面的画面。你只要提醒自己，画面是画面，你是你，你不让画面进来，不和它发生联系。它晃它的，你看你的，你只是看着它，但不发生反应，任它再晃，也不影响你。"

你的"看见的能力"不动，你安住在你的不动中。深呼吸，那些上上下下就影响不了你。

就这样不到三分钟，朋友的脸色缓过来了，不再反胃，嘴唇也恢复了颜色。一直到下船，都没有不舒服的感觉。

上面这个例子，其实用到了两个方法。首先用的是第一招"断功"，当眼睛看到景象时，不与之发生反应，在产生晕的源头上选择不接收。然后用的是第二招"舍功"，不搬运，不让晕、吐的感觉在肠胃与大脑意识间加工和搬运。

只要能做到能所分离，你的世界就由你来做主。能所分离，让你的"剑法"发挥十倍威力。

能所分离心法的优点

1. 绿色无害
此心法能够明心见性，开智慧，不会产生负面问题。

2. 当下即断
当你掌握"能所分离"时，可以在任何一个瞬间，建立起"防火墙"，当下断掉负能量对你的影响。

3. 成本很低
一次学会，终生拥有自我清理和隔离能力，不再依赖老师。

4. 一通百通

在根源真相处拥有的能力，可以迁移到更多和人打交道的场景和行业。

5. "灵感"常现

除了解决负能量问题，还会有额外的惊喜，那就是自己的创造力、直觉水平会大幅提升，也就是常说的"灵感"会经常迸发。

6. 躺下即睡

对于有睡眠问题的从业者，当你可以"能所分离"，放下一切，三分钟可以快速入睡，甚至有人可以做到"秒睡"。

清理负能量的三个"锦囊"

这里为心灵成长教练提供三个清理负能量的方法，希望大家在日常的咨询工作中，如青莲出淤泥般，出污泥而不染，为心灵成长教练的职业生涯保驾护航。

锦囊一：过程隔离。

在咨询过程中，心灵成长教练学会在"非重要信息"的时刻分离，比如来访者开始喋喋不休地重复阐述自己的经历时，抽空放空半分钟，使用第一招"断功"，只听而不"见"，只看而不"见"，在客户不知情的状态下，给自己做一个隔离确认，不过度沉浸在来访者的叙事里。

锦囊二：及时觉知负能量。

当心里升起想与来访者的对话快点结束的念头时，快速排除是不是因为接下来的时间安排了别的事情，而导致的冲突。如果仅是对来访者的叙述生起厌烦想逃离的念头，即代表对方的负能量开始侵入你的心灵。这时要立刻觉察并抽离，即马上使用能所分离心法第一招"断功"进行干预，并提醒自己端正心态。

当平日正常的流程，今天突然不想执行了，比如平时有晨起运动的习惯，今天不想起床；日常收拾干净的桌面今天懒得清理，就要觉知并接纳自己今天能量不高的现实。如果在这种情况下约了来访者，特别是负能量大的来访者，可以给自己准备一块高纯度的巧克力等高能量食品，快速充能。当然有条件的话，争取让自己多休息，做一些自己喜欢的事情，如购物、打球、看电影、去公园散步等，允许自己有"躺平时刻"（使用第二招，舍功）。

锦囊三：每周刻意清理。

每周休息日，抽出半小时，做专业的观想清理，这便是第三招"化功"。

这个锦囊需要用我们的手机播放音乐，可以选播能量音乐，具体操作流程如下：

第一，站在清晨七八点的阳光下，如没有阳光就观想自己沐浴在初升的阳光中。

第二，把自己变成光，把这周所做的案例，以及所见的来访者想象成光下面的一个个小泡泡。

第三，每观想一个案例，脑海中浮现出当事人的面容，在清新的阳光里，把对方愁困的面容一点点展开，变成一张张笑脸。直至所有泡泡，都变成笑脸。

第四，笑脸渐渐被光融化，变成一个个光点，与清晨太阳的光融为一体。

第五，把来访者脸上的感恩，化成你的成就感。空气中充满喜悦，交织着光与爱。

第六，深吸一口气，双手向上把光搂到头顶；吐气，从头顶一直灌注下来，停驻在肚脐后面的丹田位置。

所谓"上医治未病，中医治欲病，下医治已病"，高明的医者往往能从问题的源头出发，掐灭病因，不让问题发生，而能所分离心法里最深层的"化功"，正是从源头上隔离负能量，在比问题更高的维度把问题"化掉"。因为每个人的能级不同，"化"的程度也不同。高能者的"化"能做到像庄子所说的，"至人之用心若镜，不将不迎，应而不藏，故能胜物而不伤"，这就需要我们在日常生活中打磨自己，不断提升自身的能级。

如何提升能级？一是身体方面通过锻炼打通淤堵、平衡阴阳；二是心理上不断向内察觉，时时觉照，明心见性。我们都知道宇宙间万物的本质是能量，不断提高自己的能级，提升自身的正能量，这时候来到你身边负能量的人、事、物，自然被你逐步同化而不自知。世界，在你的视野里越来越美。

不再贪心。
不再想获得这世界所有的奢华，
保持简单、纯朴、归真，
这样就很好。

> **如何保持自己的心力不被带偏?**

许炜甜

自从内在动力被真正唤醒之后，我的心理状态也发生了质的变化，变得坚韧而强大了。我愈发重视自己的内在成长，以积极的心态和稳定的情绪，无畏地迎接生活中的各种困难和挑战。

　　如今，我做讲师授课，已不再以逐利为目标，而是希望以己之力，帮助那些身处迷雾之中的人，使他们获得内心的平和、快乐与由衷的喜悦。

功成不必在我

　　我不反感其他人来我的直播间偷师学艺，也不在乎他们学会之后去卖课，成为我的竞争对手，还不承认我是他们的老师。哪怕他们骂我，我都无所谓。只要他们因我而受益，把从我这里学到的理念用于他们的家庭、他们的事业，能帮助到更多的人，这对于我来说，就是最大的满足和成就。

我更为重视的是知识和理念的传播，以及能否帮助到更多的人，而非执着于个人得失，或是否会被他人超越。功成不必在我，外界是否认可我的成就，对我而言并无实质性影响，我真心希望自己能成为"一盏明灯"，为这个社会增加更多的光亮。在我看来，理念的传承与发扬才是我最看重的，也是我能够走到现在的强大心理支撑。

人生旅途中，每个人都不可避免地会遭遇起伏与挫折，会面对种种挑战与困境。然而，正是这些经历塑造了我们的性格，让我们变得更加坚强和成熟。若能把这些经历视作人生的转折点，使其丰富自己的内心世界，那么，它们便会成为非常积极和勇敢的力量，引领我们继续前行，无所畏惧。

记得有段时间，我嗓子特别疼，疼到难以发声。我尝试用泡温泉和喝白酒这样的"猛药"来加以缓解。次日早晨起来，我发现自己能说话了，但淋巴还肿着，我决定去医院找医生看看。

由于内在力量的驱动，我从过去逃避就医，到现在主动关注健康，在潜移默化中重塑了我的心态与行为模式，展现出一种积极的生活态度。我想，这种力量会推动我不断前进，成为更好的自己，并由此给他人传递更多的正能量。

也正是因为自己内在不断升腾的力量，我的心力更加坚定，让我在人生的道路上目标更加明确，追求不懈，也更加能够坚守自己的信念与原则，勇敢地面对每一个挑战与机遇。

公开承诺,提供自我动力

> 我向大家公开承诺,我接下来每一天都会在群里读书。

这是我某天授课时做出的公开承诺。

我时常会有一些想偷懒的时刻,也有情绪上头、不想读书的时候。毕竟,每个人都会有疲惫和低落的时候。可我觉得我既然做出这样的许诺,不管怎样,我都尽量坚持读书。

所以,如果我们想要成为别人的"灯塔",首先要给自己点亮方向。只有我们自己内心充满光明,才能更好地照亮他人。

若我们还没有成为一个能给自己提供"燃料"的人,就先去靠近那些能够持续不断给我们赋予能量和"燃料"的人。接近他们,观察他们的行为方式,学习他们的思考模式,模仿他们的积极态度和努力精神。这样,就能逐渐汲取他们的正能量,将其转化为自己的动力,让自己也开始发光发热。

经过不断地学习、成长,将所学转化为自己的能力和智慧,最终形成自己独特的风格和影响力。先靠近、先模仿,再成为、再超越。

不贪心，走出自己的节奏

不贪心，也是心力不被带偏的关键要点。

2020年由于受到疫情冲击，再加上当时我们一些线上公司股东之间出现问题，导致多家公司同时"爆雷"，这一连串的困难让我感到心力交瘁。我的父亲重病，我又不得不回去陪伴他。因为忙碌，在父亲生命的最后一刻，我也没能和他吃上一顿饭。

事业遇阻，父亲又离世，对我造成了很大的打击。父亲在我小的时候，虽然很严厉，但他真的很爱我。想到这些，我的心里很难受，排山倒海的愧疚感袭来。这些年拼搏奋斗，我也没有用本该可以陪伴父母的时间，去创造出一番天地。如果不去创业，可能也不至于赔了这么多钱，我没有好好地陪伴父母，连父亲走的时候都不在他身边……我被各种各样的复杂情绪充斥着。

但是，我很快调整了心态，告诉自己要振作起来。因为父亲去世了，我母亲还在，她还需要我的照顾和陪伴。我一直渴望快速赚到很多钱，以改善母亲的生活。然而，这种"贪念"也让我陷入一些看似能够快速赚钱但实则风险巨大的项目中，最终导致了投资失败、负债累累。

在面临困境时，我选择让自己静下来。尽管面临负债的压力，我仍然保持着对自己能力的坚定信念。我回顾了过往所有的成果：几家公司年产值超过五个亿；用四五天快速启动一个项目；我旗下的主播人数达到六万多；我27岁时就和阿里巴巴旗下的一个女性服装品牌合作，成为他们的首席社群运营官……这些经历都充分证明了我的专业能力、领导力和适应力。

在人生的道路上，我们经常会面临各种选择和诱惑，尤其是当金钱成为其中的因素时，更容易迷失方向。但真正重要的是，要听从内心的声音，明确自己的价值观和目标，而不是被外界的物质所左右。我告诉自己，任何人找我做任何事情，我都要先等一等，先停下来问问我自己：这件事是不是我打心眼里想干的？还是仅仅以挣钱为目的？只要让我心中有一点点疑虑，哪怕面临的诱惑再大，我也会拒绝，避免因为一时的冲动或贪婪而做出错误的决定。

在经历了2021年的债务压力和自我梳理后，我最终找到了自己的方向，决定聚焦心力，成为一名心灵成长讲师。我不再被外界的声音所干扰或影响，不再为了短期的利益而牺牲自己的长远规划。成功的路径都是不同的，不能简单地用金钱的多少来衡量一个人的价值，更不能用财富的多少来定义一个人是否成功。有些人可能通过创业、投资或其他方式快速获得财富，但这并不意味着他们就优于其他人。相反，追求自己热爱的事业，并在其中实现自己的价值，同样是一种成功。

我由此找到了自己内心真正的定位，我决定专注于授课育人，哪怕它只够我吃馒头咸菜，我也要坚持下去。当我萌生这个念头的时候，一系列积极的变化开始发生。我开始有了更好的合作伙伴，过去的公司也焕发生机，业绩蒸蒸日上。在合适的时机，我卖掉了股份，获得了可观的回报，同时还享有其他公司的分红。当我坚定了人生使命，不再单纯为钱工作，很快就把自己所欠的几百万负债还清了。自己变得轻松、变得纯粹，心力不再被任何东西所影响。这种心灵上的解脱和满足感，是用金钱无法衡量的，令我充满着自信和期待，去迎接更多挑战和机遇。

所以，现在你问我，怎样才能保持心力不被带偏？

我的回答是，不再贪心。

不再想获得这世界所有的奢华，保持简单、纯朴、归真，这样就很好。另外，我还有一个很大的心理转变，是我以前总想早日退休，现在却不想退休了，这辈子就做讲师，要一直讲下去。

第三章

打造 IP，扩大自身影响力

一个企业存在的目的，
是解决社会的某个问题，
解决的社会问题越大，
企业价值就越大。

> # 如何为心灵成长教练做好定位和产品设计？

—— 创客匠人老蒋

定位是一切战略的起点。我们经常说，"定位定江山"，就是这个意思。大多数老师现在面临的流量问题、产品问题、变现问题，90%都是因为定位不清晰。因此，要解决这些问题，首先要先明确定位。

做好定位，重塑大众认知

针对"定位"这个问题，创客有一个极为有效的标准化定位公式：

我能帮助XX人群，解决XX问题，让XXX（指呈现的美好状态）=A+B+C……+N（产品A+产品B+……+产品N）。

它遵循的，其实是管理学大师彼得·德鲁克的"企业社会职能原理"：

一个企业存在的目的，是解决社会的某个问题，解决的社会问题越大，企业价值就越大。

心灵成长教练和知识 IP 也是一样，他们存在的价值，就是为了解决社会中某个领域的一些问题。我们先来看一个案例：

2023 年，我们孵化了一个讲授心理学知识的平台，叫"UP 星球平台"。当时我们帮创始人尚致胜老师设计的定位，是非常成功的。

尚老师做了二十几年的传统线下培训，一直有一个困扰：在大多数人的认知里，有心理问题的人，才需要做心理咨询。所以，一部分人会很排斥和抗拒心理咨询课。而有心理问题的人，需要接受治疗，可他们偏偏不愿接受治疗。

对于这个难点，尚老师一直想要突破，却没有找到方法。这就导致他对自己的定位一直很模糊。

确定合作之后，我们开始梳理他的整个课程化体系。结果发现，他的课程里讲了很多与心理健康、幸福、生命财富有关的内容。于是，我们跟尚老师探讨完以后决定，继续沿用并强化尚老师之前的一个定位，叫"新中式心理学导师"，即创造生命的均衡财富：健康财富、物质财富、心灵财富三大财富，做幸福的价值创造者。

这样的定位，把消极心理学变成了积极心理学，告诉人们：心理咨询课不是有心理问题的人才能上，学好心理学,可以用来创造财富,可以拥有幸福,还可以成就良好的家庭关系。

这个观念打破了大众对心理学的刻板印象,很快就受到了大量学员的追捧。

通过这个案例,我想跟心灵成长教练分享的是:一定要重塑心灵成长教练在普通大众心中的认知。

如果想把这个市场做得更大一点,我比较倾向于:针对大众市场,在前端做一些积极心理学培训,转变国人对心理学的看法。这个定位很重要。

搭建产品体系的金字塔模型

定位清晰后,接下来要考虑的是产品体系的搭建。

产品体系代表的是我们的价值主张或者解决问题的方式、方法。我们有一套非常实用的工具,叫"产品矩阵倒金字塔模型"。

产品可以大致分成五种类型:引流品、爆品、变现品、渠道品和形象品。

1. 引流品

每个平台都需要有一些低价的引流品,比如免费的或者价格很低的引流品,在上面的案例中,我们给尚老师设计的引流品是"免费直播"。引流品的目的很清晰,就是为了更高效地获取私域流量。

一个好的引流品，也是一个钩子品。很多老师会到很多场合去做流量，比如今天跟别人连麦或去线下做几场公益课，那么连完麦或者做完公益课之后，我们需要一款好的引流品，把用户吸引到我们的私域里来，要给别人一个加你微信的理由，所以引流品最大的一个目标就是沉淀我们的私域流量，给别人一个连接你的核心理由。

至于定价的话，引流品的价格一般定在 0 ~ 9.9 元之间。

2. 爆品

爆品的第一个逻辑是好卖，也就是单点击穿。

第二个逻辑叫好转。爆品是一个行走的 IP，会源源不断地给你带来新的客户，给你转接后端的高客单产品。

第三个逻辑叫好交付。就是说，这一款产品具备批量复制的交付特征。

爆品的定价，一般在 199 ~ 999 元之间。365 元、399 元的定价比较贴合大众需求。

还是以尚老师为例，他以前是做线下的，在抖音、快手上做线上课程时，有专门的操盘团队。结果，运营了一年，却亏了 80 万元。

他亏钱的原因在于，在抖音、快手这些平台上做操盘，课程以专栏为主，价格参差不齐，比如 199 元、399 元等。产品太多，用户不知道怎么选择。

我们首先帮他做的就是以会员为体系，把他所有的专栏进行了二次梳理和打包。

我们给他设计爆品的思维是给他的产品做减法。我们给他设计了一款以"做幸福的成功者"为主题的爆款 VIP 产品，这个课程涵盖"家庭、事业、幸福、财富"等普通大众比较关注的领域，课程包含财富心理学、幸福心理学、亲子心理学、亲密关系学四大主题，总计 84 节课，预售价格 398 元 / 年。

产品设计出来之后，上线仅仅几个月，销售额就达到了数百万元。

3. 变现品

有了爆品之后，变现品的价格相对会高一些，专栏、线下课、咨询，都是变现品。

我们说三个维度——流量、销售、交付，交付其实就是产品端。产品端要多元化，因为我们要解决用户的痛点，或者说解决用户的问题，可能就需要一个链路去做，我们所有的变现品其实就在链路里面。

以 9.9 元产品引流到 398 元的课程，然后到后端的一些咨询线下课，其实都是变现品。

从一个企业的经营角度来说，我们需要围绕用户的痛点，推出更多的产品，多方位地解决他们的痛点；从企业自身的角度来说，我们需要去引领，需要去扩大销售。这是一个变现品的概念。

4. 渠道品

渠道品是很多做知识付费很容易缺乏、很容易忽略的一个问题，心灵成长教练也一样。

大家都知道，现在是一个"酒香也怕巷子深"的时代，竞争越来越激烈。所以，我们需要通过设计产品，把一些认可我们的铁杆粉丝变成我们的合伙人或者渠道商。

5. 形象品

形象品可以用价格来衡量，其实也可以叫高端品或者段位品。这代表了老师的锚定价格，锚定价格就是单个客户最多能为这个老师付多少钱。有形象品的话，就会在无形中拉高这个老师的形象。

大家要尽可能在线上区域洞悉普通大众的需求，用大众听得懂的话去跟他沟通。

因为现在大众最关注的其实就是几个维度——关系的问题、财富的问题、健康的问题、焦虑的问题，而很多心灵成长教练的表达或者他的内容可能过于专业化，导致很多人听不懂，给人的感觉很神秘。

心理学的流派很多，但万变不离其宗——要有简化的思维。如果只有理论素养很高的人才能看得懂，就无法在大众间推广。

前端的低价产品，一定要简化，要让大家听得懂。后端的产品可以维度高一点、神秘一点。这样一层一层地设计产品，心理学才可以帮助到千家万户。

定位和产品设计的原则

对很多心灵成长教练来说,在定位和产品设计方面,我觉得要坚持几个原则。

第一个就是意识形态的问题。心灵成长教练对课程内容要把握好,要遵守法律法规,要符合道德准则,我认为这是每个心灵成长教练都必须坚守的底线。

第二个从产品的畅销度来说,就是要用大众听得懂的、能接受的语言和方式来设计我们的课程。

第三个就是一个好的心灵成长教练,不只是让用户一直陪着你成长,而是"授人以鱼,不如授人以渔"。

最重要的是让用户离开你,因为他在离开你之后,可以给你带来更多可能的品牌价值、广告价值和客户资源。而不是在有了一个客户之后,就让他产生终身价值。

客户离开你之后,他能够独立解决问题了,当他身边的人也遇到同样的困惑和问题的时候,他就可以成为你的推广大使,从而帮助更多的人。

第四个就是要有正确的行业价值观。

在这个行业中,可能有一些老师的专业素养不足,他只负责挖开你的伤口,却不负责缝合伤口,这是不行的。就好比身体受伤了,里面有淤血或者有脓液,一个好的医生来治疗的话，肯定是先划开伤口，把淤血或者脓液清理掉，然后再把伤口缝合起来。

所以，一名好的心灵成长教练不能只是划开用户心灵的伤口，还要把它"缝合"起来，对他进行疗愈。

第五个就是科学的理论体系。

你不能只给大家提供情绪价值，还要遵循科学的尺度、科学的标准。就是在你整个咨询或疗愈的过程中，一定要有科学依据，有步骤、有流程、有具体的方法，一步一步地引领他成长。

有句话是这么讲的，一个人的改变其实来自两个方面，第一叫逃离痛苦，第二叫追求快乐。

现在这个时代，心灵成长教练应该引导大家去追求一种美好的状态，追求内心的快乐，让人们潜移默化地改变，而不是无限地放大他的痛苦，去营造焦虑，最后让他付费。

在进入心灵成长教练这条赛道之前，请你认真地问问自己，你的定位准确吗？

对于个人品牌而言，
确保个人 IP 的稳定性和一致性至关重要，
这也是打造个人 IP 的核心关键点。

> # 心灵成长教练
> ## 如何打造自己的品牌?
>
> —— 许炜甜

在我的身边，有很多希望打造个人品牌的心灵成长教练。交流的时候，我能深刻地感受到他们内心的渴望。希望放大品牌，去影响更多的人，帮助更多的人。

提升直觉力，感知并抓住机遇

作为心灵成长教练，提升直觉力是一项必备的技能。

在快节奏、高压力的现代社会中，很多人往往忽视了内心的声音，而过于依赖外在的信息和判断。然而，真正的成长和进步，往往源于对内心世界的觉察与探索。这种直觉力可以帮助我们更准确地感知自己和他人的情感和需求，从而给出更有针对性的建议和指导。同时，直觉力也可以帮助我们在复杂纷繁的信息中筛选出真正有价值的内容，避免被表面的现象所迷惑。

在日常生活中，我们要多关注自己的内心世界，尝试聆听内心的声音。通过不断练习和提升自己的直觉力，我们能够敏锐地感知身边的机遇，并且要有勇气去抓住它们。只有这样，我们才能在人生的道路上不断前行，实现自己的目标和梦想。

稳定性和一致性，是打造个人IP的关键点

对于个人品牌而言，确保个人IP的稳定性和一致性至关重要，这也是打造个人IP的核心关键点。频繁改名不仅不利于品牌形象的建立，还可能让粉丝和潜在客户感到困惑，从而影响品牌的认知度和信任度。

因此，建议你在确定个人品牌名称时，要慎重考虑，选择一个与个人形象、专业领域和品牌定位相符合的名称。同时，一旦你确定了一个很棒的品牌名称，就一直用这一个名字。即便需要调整，也应该是基于品牌发展策略的考虑，并且要保证调整后的名字与原有品牌具有一定的关联性和延续性，以确保品牌形象的连续性和稳定性。

跟大品牌站在一起，提升品牌势能

走进商场，你发现花西子的专柜，跟国际一线品牌如海蓝之谜、赫莲娜、迪奥、香奈儿在同一层，有什么感受？

对于花西子这样的新兴品牌来说，在国际免税店里或者

一些精品购物广场里，与国际一线品牌并列展示，能够提升其在人们心中的价值和地位。国内的消费者会认为：既然能在此类高端商场占据一席之地，花西子一定有很强的实力。这种与顶级品牌的并列展示，无疑进一步激发了人们对花西子品牌的好奇心和购买兴趣。

然而，对于国外消费者来说，他们可能并不熟悉花西子这个品牌。但当他们看到花西子与海蓝之谜、赫莲娜、迪奥、香奈儿等品牌在一起时，他们可能会认为：这是哪个新出来的国际大牌，我居然不认识？那我要进去看看！这样他就会产生购买欲望。这说明了品牌展示和营销策略，对于提升品牌认知度和吸引力的重要性。

要打造个人品牌，也是一样的道理。你要跟大品牌的人站在一起，自然而然，你也就形成了自己的品牌。

圈子决定品牌，发挥"群红效应"

想要打造个人品牌，就要进入不同的圈子，圈子能带动品牌。

进入圈子之后，可以采取"群红"策略。群红指的是：在特定的群体、特定的圈子里面的红人。

我们可以尝试与网络的知名主播连麦，来展示自己的实力和资源，提升品牌势能。连麦的时候，我会说：

这是我和一个好朋友一起线上连麦的视频，19分钟，时间不长，你可以看一看，了解一下。

这种方式不仅能让对方更加了解我，也增加了他们与我合作的信心和期待。这种实际案例展示，往往比单纯的口头介绍更加有说服力。

这种"四两拨千斤"的方式和方法，正是品牌建设和市场推广中的关键策略。通过与行业内有影响力的人士合作，借助他们的声势和资源，可以快速提升自己的品牌知名度和影响力，这是一种非常明智的选择。

打造个人品牌，稳固"黄金三角"

"黄金三角"的概念是什么？是打造个人品牌的三个要点。

我之所以可以成为"群红"，个人品牌变得越来越大，一方面是因为我们的销售做得好（左下角），带来收入和利润，为企业的运营和发展提供了资金；另一方面，能够支撑我们走下去的重要原因，是我们的服务做得好（右下角），优质的服务能够增强客户的满意度和忠诚度，从而带来更多的复购和口碑传播。

在这个黄金三角中，我们现在还需要做的是把提高流量的增量，它决定了我们这个黄金三角顶点的高度。

要打开流量端口，就要打造个人品牌。当我们把流量端口打开之后，个人品牌的影响力就能迅速扩大，由小"群红"变成大"群红"的可能性也随之增加。利用短视频直播、出书等多元化方式，可以更有效地吸引公域流量的关注，进而引导这些新人群成为我们的粉丝或潜在客户。

短视频直播具有直观、生动的特点，能够直观地展示个人的专业知识和个人魅力，从而得到更多人的关注和喜爱。而出书则是一种更为深入、系统的展示方式，通过书的出版和发行，可以让更多的人了解你的思想和观点，提升个人品牌的知名度和影响力。

比如，我要跟你见面谈合作，在见面之前，我先邮寄给你一本我写的书。它不仅能够展示我的专业素养和成就，还能让你在见面之前对我有一个初步的了解，增加你对我的信任度和好感。这样，在后续的合作洽谈中，我们就能更加顺利地达成共识，实现合作共赢。

此外，与知名作家、知名企业家合著出书，可以迅速提升自己的知名度和影响力，是塑造个人品牌的绝佳机会。

你可以说：我和哪位畅销书作家，或者某个好朋友，合著了一本书。撬动资源的时候，可以适当抬高一下自己的"段位"，不要把自己放得太低，也许你跟与你合作的作者之间，尚有一定的差距，但既然合作共创，也说明了对方对你的认可。通过这种"共创"行为，可以展示你自己的价值和能力，让别人看到你的实力。

真正成功的心灵成长教练，
能够在最短的时间内与众多听众
建立共鸣。

> 心灵成长教练
> 如何打造一流的线下课程？

许炜甜

演讲能力，是心灵成长教练所必需的一项极其重要且关键的能力。

很多心灵成长教练在开设线下课时，都容易陷入使用专业术语的误区。他们或许能够吸引有一定基础的学员，但对于那些初学者，他们就显得力不从心。

说"人话"，讲真话，能"讲"更会"演"

真正成功的心灵成长教练，能够在最短的时间内与众多听众建立共鸣。只有做到这一点，你的影响力才能广泛覆盖，才能有效感染和感召更多的心灵。

第一，说"人话"。

开设线下课时，很多讲师喜欢使用专业术语，如果你面对的是专业人群，适当使用专业术语是必要的，这能够展现你的专业性。但对于"小白"来说，听你的课可能会如听天书，比如有些人就觉得：哎呀，这个课好难懂，好无聊啊！

这时，可以换一种方式，用最朴实、人人听得懂的直白语言来讲课，就像我们平时说话一样，简单明了，大家都能听懂。比如，不说"我心如刀割"，要说"我心里好难过"；不说"我想你想到心痛"，而说"我好想你"。这样的语言，听起来就很亲切，很容易理解。

而且，这样的话语方式，还能让大家更容易记住。这样，大家在听课的时候，就不会觉得累，反而会觉得很开心，很愿意听你的课。

第二，讲真话。

我曾在讲台上用自己的方式，讲述一个关于"产后修复"的故事。虽然那些经历并不是我自己的，我却把它讲得非常生动感人，以至于让听众们为之动容，为之落泪。

有一次，我在会场碰到一个曾经听过我这场演讲的母婴招商客户，他询问了一些我和老公后续的感情问题，我瞬间感到尴尬和紧张。

那一次让我明白，必须讲真实的内容，因为讲假话可能会让自己陷入困境，甚至毁掉形象。

真实的东西胜过任何的包装，真实的东西才足以打动人心。在未来的日子里，作为心灵成长教练，希望你也能够坚持这种真实和坦诚的态度，用真话、实话去影响和启发更多的人。

第三，能"讲"更会"演"。

演讲能力，包含两个部分：演和讲。

在我的课程里，我经常会描述细节，并把它们演练出来。

要知道，没有人是一帆风顺的，没有人不会争吵。就算再幸福，也会有和爱人理念不一致的时候，跟父母产生冲突的时候，还有在工作中被人看不起、思想不同频、被他人压一头的时候。这些都是你教授心灵成长课程时的宝藏，要把它们提炼出来，特别是要讲出画面感，才能真正触动人心。

人的潜意识当中储存着过往经历的总和，存在着看过的、听过的大量故事或场景。作为教练，你就要想办法和学员们心里的画面进行碰撞。一旦有所碰撞，有所激荡，让对方听了你的故事，能够对自己的人生产生反思，感同身受，才体现了一个心灵成长教练的价值。

举个例子，你或许跟爱人吵过架，或许跟爱人有过"冷战"。想象一下这样的内心独白：

> 当时，我们之间发生了冲突。我很难过，但是你居然没有选择跟我沟通，而是摔门而去。那一刻，我觉得你都不愿意停下来跟我争吵，你都不愿意留下来哄哄我！其实，我想要的只是一个拥抱而已，可是为什么你不能留在我的身边？你为什么要扭头走掉？
>
> 那一瞬间，你的举动勾起了我小时候的回忆：每次遇

到问题,父母也不在身边,所以当时我很无助。

  我记得有一天,我们冷战的时候,我站在窗边,看着外面灯红酒绿的街道,看着万家灯火亮起来,虽然我也有一个房间,也有一盏亮着的灯,但是,我心中的那盏灯,一瞬间就灭掉了。

如果是干巴巴地讲,你再来感受一下:

  当时我们俩吵架了,我非常痛苦,我站在窗边。觉得这个世界上谁都没有办法陪我,反正挺无助的。

这两种描述方式,哪种更能打动人心?一定是第一种。虽然只是文字描述,但你完全能够想象到我深情投入的表情。所以,通过表情演绎出来,可以让学员们有身临其境之感。

  但是,如果你只是讲个人经历的悲惨阶段和一些细节,只是一味地倾诉你的痛苦,学员们就会觉得没有收获感。而如果在人生经历后面加上一段总结性语言,那么你所表达的内容就有一个质的升华。

  你们是否有同样的感受?没错,在那一刻,我意识到我的人生若想变得更好,就不能把希望寄托在我的爱人身上,而是要靠我自己。

  若是他不主动跟我沟通,我也不主动跟他沟通,这个婚姻就到头了。

在那一刻，我意识到我要提升我的沟通能力、控制情绪的能力和化解情绪的能力。这也为我成为心灵成长教练奠定了基础。

因此，一定要把场景及心理活动细节用动情的语言描述出来，为经历赋予更加深刻的意义，这样不仅能帮助学员从痛苦中汲取智慧，还能提升他们的自我认知。

能"讲"更会"演"，对于心灵成长教练来说非常重要。生动的演绎能够让描述更具感染力和代入感。

所谓"教练"，就是我要带着你，从你的一些人生细节当中，抽丝剥茧地找出那些制约你的"卡点"。你讲出人生经历的一个细节，能够跟台下的学员产生共鸣的时候，但凡能够牵动学员们的孤独、痛苦、无助、沮丧、难过、焦虑的任意一个点，后面你再分享自己的成长，学员们自然而然就会更容易接受并认同你的观点。

三个技巧，赢得好感

第一，不立完美"人设"，做真实的人。

其实，谁都不喜欢看聪明人卖弄聪明，更喜欢简单、有点傻气，甚至有点愣的人。而这样的心态装不出来，你内心要真正谦虚，并且你也有一定的缺点，才是真实的人。

在讲课过程中，我经常通过自嘲，来拉近我跟大家的距离。自嘲、"自黑"，确实是一种展现个人真实和接地气的方式，这种幽默方式可以拉近人与人之间的距离，缓解紧张情绪，让学员们更愿意投入接下来的讲课中。

在我设计课程的逻辑中，为了防止课程火了之后的"塌房"，会通过主动揭露自己的过去"黑料"，让"房子先塌了"，实际上是预先打破别人可能对我产生的完美主义期待。

这样做的好处是，你可以从一开始就设定一个更真实、更接地气的自我形象，让学员明白，你并不是无所不能、无可挑剔的，而是一个有着自己优点和缺点、经历过挫折和失败的人。

因此，一些无伤大雅的缺点是可以展现出来的，不要有那么多的顾虑，你要先无条件地接受自己，这个世界才会接纳你。

第二，明贬暗褒，制造反差感。

我给团队留了个作业，一天解析三个人。那些自作聪明的人，一天解析了九个，分三天报，是不是能偷懒两天？我们团队有个很"傻"的姑娘，居然"傻"到一天解析了20个人就报20个人，解析了10个人就报10个人，不给自己留余地。但就是这样一个"傻"姑娘，拿到了最好的结果。

讲课时运用这样的例子，会产生一种反差感。对比聪明人和"傻"姑娘的不同做法和结果，让学员意识到，有时候看似不太聪明的做法，却能带来意想不到的好结果。同时，那些偷懒的人也很聪明，我也说他们很棒，给予肯定。

通过明贬暗褒、制造反差感的技巧，展现出老师的独特魅力和精神品质，也能激发学员们的思考和共鸣。

第三，内容不要冗长，最好讲三点。

首先，内容精炼是讲课成功的关键。避免冗长烦琐，尽量将核心信息浓缩到三个要点，这样听众更容易理解和记忆。你不要指望用户自己脑补，你要帮大家总结要点。讲完"枝干""叶子"还要回到"主干"，也就是"总—分—总"的状态，形散神不散，否则听众很难记住。

其次，使用"接下来要讲几个点"这样的引导语，能够帮助听众明确接下来的内容结构，提高听课效率。

最后，使用序号来组织内容，是一个非常实用的技巧。比如你本来要说的是：

我今天出去和朋友一起吃了顿饭，又看了场电影，然后晚上我就回家了。

你可以换成这样的方式：

今天我做了三件事——第一件，出去和朋友吃了顿饭；

第二件，和朋友看了场电影；第三件，晚上我自己打车回家。

使用序号来组织内容，不仅能够帮助你更加清晰地表达内容，还能够让听众更容易跟随和理解。

台上一分钟，台下十年功

最高明的演讲，是精心准备后的"信口开河"。借助演讲的各种技巧，我们可以成功吸引学员们的注意力。课程中每一个节点，我们都需要提前设计好。经过不断复盘之后，再把它们变成自己的常规化操作。

当你站在讲台上，想让观众的注意力时刻集中在你身上，就要让自己变成一个有趣的人。你不能一直是填鸭式灌输内容，而是要一会儿风趣幽默，一会儿感人动情，一会儿激励人心，一会儿心生共鸣，让人拥有心跳加速一般的体验，才能让人在听课过程中始终保持高度的兴趣和参与感。

演讲需要具有一种能力，即让观众的情绪跌宕起伏：上一秒笑，下一秒让你痛；上一秒刚痛完，就让你乐；乐的下一秒，又给到你一个重创。

这就是"吊桥效应"——想要和一个人建立感情，带他去坐过山车、蹦极等刺激性活动，引发他强烈的生理反应，如心跳加快、呼吸急促等。在这些情境下，人往往难以准确分辨这些反应的来源。

情侣一起看电影,也是一种类似的情境。在观看电影的过程中,人们会经历各种情绪的起伏,而这些情绪变化往往会被潜意识地与身边人相联系。尤其是当电影情节跌宕起伏时,人们更容易感受到强烈的情感波动,从而加深对身边人的情感认同和依赖。

这种情感联系不仅适用于恋爱关系,也同样适用于演讲者和听众之间的关系。当听众在听课的过程中产生了强烈的情感共鸣,他们就会更容易接受和认同你的观点,进而对你的课程产生更高的兴趣和认可度。

共同的经历才能带来共同的频率，这也是高效团队得以形成的关键。

心灵成长教练
如何打造一支高效团队？

许炜甜

当你精心设计了高质量的课程，品牌影响力也随之不断扩大，如何以此为基石，让你的整个团队都充满无比坚定的信念，从而打造出一支"来到公司就不想走"的高效团队呢？

答案很简单，那就是让团队实现"同频共振"。

磨合经历——为团队带来共同的频率

团队中出现不同频的情况，会导致工作效率降低，甚至会引起团队成员之间的冲突。

如果团队的成员，各自在其领域有所建树，表明他们不仅有专业能力，还对工作充满热情。这样再去磨合，有助于大家将个人目标与团队目标相结合，形成合力。

共同的经历才能带来共同的频率，这也是高效团队得以形成的关键。就像是，你一直在北方生活，我一直在南方生活，我们两人如何同频？你喜欢吃咸的豆腐脑，我喜欢吃甜的豆腐脑，如何同频？只有我曾经尝过你的咸豆腐脑，你尝过我的甜豆腐脑之后，我们才有可能知道，下一次选豆腐脑的时候，买两份不一样的。否则的话，永远只会买两份甜的或两份咸的。

用钱砸出来的团队可能会因为金钱而分裂，而用爱和共同的使命、愿景凝聚在一起的团队，即使一开始资源有限，也能在团队成员的相互支持与不懈努力下，逐步积累起不可估量的财富与成就。

真诚和爱——心灵成长团队的必杀技

一支成功的团队，依赖于每个成员对共同价值观的真诚认同和遵循。只有当每个人都心悦诚服地接受并实践这些价值观时，团队才能形成强大的合力，共同面对挑战，实现目标。

让学员"难过地来，开心地走"，这不仅仅是一种服务理念，更是每一位心灵成长教练应秉持的对学员负责、对教育质量负责的态度。只有当学员在团队中得到了真正的成长和收获，他们才会对团队产生信任和归属感，进而推动团队的持续发展。

在团队中，大家一次又一次地同频，不仅可以增强团队的凝聚力，更能使团队中的每个人都能更加深入地理解和体验彼此的情感和需求。这种同频的过程，就是团队中温暖和爱的传递，是团队成员产生信任和归属感的过程。无论是同事之间、学员之间，还是老师与运营伙伴之间，大家都在互相给予，互相支持。这种互助互爱的行为，不仅使得团队氛围更加和谐，也极大地提升了团队的工作效率。

作为心灵成长教练，我们最核心的一个必杀技就是真诚和爱。真诚能够打动人心，让人愿意敞开心扉，接受新的思想和观念；而爱则是治愈的力量，能够帮助人们走出心灵的困境，实现自我成长。

理念一致——打造出温暖有爱的地方

打造一个高效团队的方法有很多，比如时间管理、体能训练、领导力培养等。然而，在这些方法中，最核心的事情是"理念一致"。只有当团队成员的价值观、目标和愿景高度一致，劲往一处使时，才能产生同频共振并推动团队向前发展。在这样的团队中，每个成员都能感受到归属感和使命感，从而更加投入地工作，为团队的成功贡献自己的力量。

此外，团队还需要营造温馨、友爱、积极向上的氛围，否则可能使成员感觉心情沉闷，缺乏工作的热情和动力。团队的凝聚力和向心力源于每一位成员对团队的热爱和信任，也源于彼此之间的支持和感恩。它是一种爱的能量，爱才是一切的解答。

高效团队中的人才锁定与规划

想在心灵成长行业取得瞩目成就,构建助教团队和个案师团队,是必不可少的。建设高效团队,需要从人才的锁定和规划开始。每个人都有其独特的才能和优势,关键在于如何识别和发挥这些优势,将其放在最适合的岗位上。

一个高效团队需要良好的合作和有序的分工。通过明确每个人的身份定位和职责,我们可以确保团队工作的有序开展,减少冲突和混乱。例如,有些人擅长冲锋陷阵,适合承担销售或市场拓展的任务;而有些人则擅长后端服务,适合负责客户服务或售后支持。

因此,作为团队领导者,我们需要深入了解每个团队成员的特长和优势,为他们制定合适的职业规划和发展路径。同时,我们还需要建立良好的沟通机制,鼓励团队成员之间的交流和协作,共同为团队的目标努力。

高效团队中的人员培训

培训不仅有助于团队成员提升专业技能,更能确保团队工作的协同和高效。

首先,在培训过程中,要根据课程内容的梳理,为团队成员提供有针对性的培训。让他们了解整个工作流程，明确自己在各个环节中的职责和任务。这样，团队成员就能更好地融入团队，发挥出自己的最大价值。

其次，一支高效团队的核心在于拥有一名出色的领导者。这位领导者需要具备全局视野，能洞察并掌控整个团队的动态，及时根据团队需求调整人员配置，然后引领大家共同面对挑战，向前冲刺，实现既定目标。

作为团队的领头者，需要注意：

一要充分了解团队中的每一位成员的特点和特长。

二要学会如何控场。

三要做好预判，提前准备好应急方案。

最后，"人情世故"和"共情"在高效团队建设中是非常重要的因素。在追求团队的高效和协作的同时，我们不能忽视团队成员作为个体的情感和需求。当团队成员感受到领导者的关心和理解时，他们会更加愿意为团队付出，积极参与团队活动，形成良好的团队氛围。

高效团队中的心理支持

为团队成员提供心理上的支持和疏导也是至关重要的。面对工作压力和挑战，团队成员可能会感到焦虑或疲惫。通过对他们进行心理上的支持和疏导，可以有效缓解他们的负面情绪，帮助他们调整状态，提升工作效能。

在这个过程中，了解每个团队成员的优势和潜力同样重要。通过识别他们的优势，可以为他们提供个性化的指导和支持。这样，他们不仅能够更好地理解自己的能力，还能学会如何将这些优势运用到工作中，以应对工作中的各种挑战。

同时，提供实用的工具和方法也是关键，可以帮助团队成员更有效地管理压力，提高工作效率。通过短期的集中培训，团队成员可以快速学习并掌握这些技能并运用到实际工作中，从而实现个人和团队的共同成长。

朋友圈营销，成交的前提是信任。
教练需要与学员建立信任关系，
保持互动、评论、点赞，
维护好与学员的关系。

如何做好心灵成长教练的品牌运营？

彭扬煊

许多心灵成长教练，很善于帮助身边的人，引领大家一起成长，一起蜕变。他们很无私，他们很有爱。可是，也恰恰因为无私，他们一般不善于宣传自己，不善于打造自己的品牌。

我要做的事情，就是助推这些可爱的教练，更好地传播理念，更快地建立知识体系，更高效地打造个人品牌，从而更大范围地影响更多的人。

寻找值得的心灵成长教练

当然，心灵成长教练的成长高度是不同的。在满足一定条件的前提下，才能去打造品牌。于我而言，选择教练的标准，有以下几个：

第一，不仅要看教练是否有专业的能力，还要看教练是否有正心、正念、正能量。看他的发心，看他的经历，看他是为了帮助人，还是仅仅为了赚钱。

第二，不看教练怎么说，而看他怎么做。不仅要和教练在工作中接触，私下也要进行沟通和接触，去看他究竟是一个什么样的人。如果他言行不一，很有可能之后会出现一些意想不到的情况。

第三，教练要有成体系的课程。没有后端课程，意味着缺乏与学员链接的渠道，在运营的时候，就没有衔接的桥梁，无法顺畅地与学员建立关系。

第四，教练应该拥有极强的复盘能力，并且能接受他人的意见。在运营的过程中，要关注学员的复盘，为后面的课程好评和宣传做准备工作。教练愿意接受调整课程进度或者内容的建议，不搞"一言堂"。

设计完整的课程体系

一个完整的课程体系可以分为三个阶层，初阶、中阶和高阶。

1. 初阶课程

设置千元小课，方便想试水的学员，选择一个小客单价的课程进入学习，这也是一个相互选择的课程。喜欢这个课程的学员，愿意继续跟着老师前行，就可以继续学习。当然，这里需要多一些沟通连接和见面的机会，有助于二次成交。

2. 中阶课程

对学员来说，在学习到知识的同时，又可以变现，边成长边赚钱。学习中阶课程，可以把它当成副业，有助于筛选合伙人。

3. 高阶课程

也就是高客单价的课程，应该是教练们的主推课程。加入此课程的学员，可成为教练的弟子，有更多的成长机会，有更好的资源，能被重点培养。教练们应致力于深度打磨课程内容，精准定位，通过高质量的教学与辅导，确保每位学员都获得物超所值的成长体验与蜕变机会。

此外，课程可以分成线上和线下两种，这样就能满足不同人群的需求。比如，有的学员因为需要带孩子，无法走出来学习，就可以选择线上课程；有的学员更愿意接受面对面的授课方式，就可以选择线下课。

对于初次接触身心灵课程的学员，可以根据他们的具体情况，推荐相应的初阶课程。体验完初阶课程后，愿意继续深入学习的，可以一次性学完整个课程体系。而且，课程介绍一定要通俗易懂，让学员们一听就能明白。

有的教练，总是介绍自己有六七门课程，但课程介绍完之后，学员往往听得一头雾水。如果是 A 或 B 二选一的答案，学员就会很清晰地知道自己要选择哪一个。课程丰富非常好，要做好归类，以便在合适的时间新增一个课程，这样老学员也会有新鲜的感觉，他们也自然愿意继续学习更多的内容。

提供有温度的心灵服务

课程体系完备之后，提供有温度的服务，会让学员的心灵受到更大的冲击，产生的影响和效果会更大。

教练在做课程时，尤其是开口课程，要在开课前详细了解每一位学员的情况，包括生日、工作、生活、情感等，以及遇到了什么问题，继而给他们匹配合适的助教老师，有针对性地辅助成长。

在课程中，可以设计很多小惊喜。比如，说一段暖心的话给学员听；给生日临近的学员一起过一个难忘的生日；静静地聆听学员说话，温柔地拥抱他们，理解他们的情绪释放等，这些都是给学员提供情绪价值。

大家都说"要做个情绪稳定的成年人"，可是很多人都做不到。生活和工作中的不顺，常常会使人烦心，使人情绪低落。有很多人，回到小区停好车后，会在车里静静地坐一会儿，或者在楼下抽根烟。压垮我们的"最后一根稻草"，其实是我们无处安放的情绪，它超过了内在可承受的极限。所以，作为心灵成长教练，要让学员感受到足够的温暖和爱，唯有爱可以感化一切。

教练可以通过定期的沟通和回访，维护与学员的关系，提高他们的学习满意度和忠诚度；可以经常隔三岔五地和学员聊聊天或点赞互动，到线下唠唠家常，关心他们学到哪里了，有没有实践练习，有没有遇到问题，最近在做什么……谁都希望被人关注，我们作为教练主动发个消息、在朋友圈点个赞，就可以给到学员莫大的鼓舞！

很多教练都不知道，和学员深入交流，其实就是在传递情绪，用正向的情绪打动他们。一旦你的情绪传递到位，他们会在不知不觉间喜欢上你。很多时候，学员也许不记得你们交流的具体内容，甚至不记得你长什么样子，但他们会记得当时的情绪，这是对他们最大的影响。也正因为如此，学员才愿意一直追随你，和你共创，共同成长，一起去帮助更多有需求的人。

把朋友圈这个"黄金店铺"运营好

平台之外，朋友圈的运营也很重要。可以说，朋友圈是离变现最近的地方。朋友圈的运营，最好由专人负责。

朋友圈是一个免费店铺，但也有它自己的"磁场"。简单地复制粘贴，一定不行。

朋友圈营销，成交的前提是信任。教练需要与学员建立信任关系，保持互动、评论、点赞，维护好与学员的关系。

做好朋友圈运营，能帮助团队打造高质量、高价值的私域流量，促进用户成交转化。

在朋友圈发内容的具体方法，有以下几点需要注意：

首先，每天定时定点，至少在朋友圈发五条内容，要持续更新，让学员看到你一直在做。发朋友圈的时间，要选择大家常看手机的时间，比如早上起床后、上班路上、午餐时间、下班路上、晚餐时间、睡前时间等。

其次，朋友圈内容要选择有价值的，给大家带来满满的正能量。要发一些言之有物的内容，不要只发自己的感慨。

最后，走心的文案从"钩子标题"开始！赤裸裸的推销，会让学员有不适感。直接私信一长段文案、广告，会被人直接略过，且容易被人屏蔽。应以"犹抱琵琶半遮面"的感觉，以及教练独特的表达方式，写一段走心的文案，设计一个"钩子标题"，然后再发出去。这样做，可以让学员主动找上门。

在私域运营中，打造好朋友圈，形成一套体系化、标准化的流程是很重要的。根据以上几点，持续去做，保持热情，相信朋友圈的价值会很快体现出来。

不可忽视的社群营销

朋友圈运营，是品牌运营的关键部分；社群运营，则是另一个不可忽视的重要组成部分。

相对于朋友圈来说，社群成员对心灵成长教练的认可度更高，运营起来成本更低，效果却更好。

因此，对心灵成长教练来说，无论是线上还是线下平台，社群是一定且必须建立的，它能发挥以下作用：

第一，可以让学员更有黏性。

第二，可以把好的聊天对话作为素材分享，例如发朋友圈。

第三，可以通过群互动找到同频的人。

第四，快速发布重要消息和课程时间。

第五，便于统一管理，方便有效率，实现快速群互动。

第六，可以把别人的私域转化为自己的私域。

另外，对不同的类型，要进行清晰地区分。比如，公益群、交付群、特训营群等，要分成不同的社群，这样有利于分析数据和做好转化。

打造一支高效的运营团队

教练们成长到一定的高度，拥有了相对成熟的课程、社群等之后，想更高效、更完善地做好品牌运营，一支高效的运营团队是不可或缺的。

他们需要有专人负责学员管理，专人负责课程打磨，专人负责助教和讲师的培养，专人负责市场渠道等。通过整个团队的紧密合作，把品牌运营得更好，让教练们的势能变得更强大。

筛选团队成员时，优秀学员应该是很好的对象。他们认可教练和教练的知识体系，会更积极主动地做推广，更期待品牌可以遍地开花，以帮助更多的人。

心灵成长教练之间,"你帮我,我帮你",
这符合商业世界中互利共赢的原则。
通过这种模式,大家能够共享资源,
共同开拓市场,
从而实现更大的商业价值。

> **心灵成长教练
> 如何通过联盟带动自身影响力？**

许炜甜

心灵成长教练往往习惯于付出，愿意为学员无私奉献，愿意为世界贡献大爱。这样一群人形成联盟，会产生巨大的能量，也会增强每一个人的影响力。

整合内外资源，使流量成"留量"

我们可以通过线下组织、线上教学、个案咨询和后续服务等多个环节的协同作用，有效地将外地流量与自身资源相结合，以实现心灵成长教练个人品牌价值的最大化。

1. 线下组织

组织一场外地的线下课程，成本是非常高的。包括场地费、搭建费、音响设备租赁、助教团的差旅和食宿等费用，这些都需要主办方来承担。而学费作为心灵成长教练的主要收入来源，其金额需要能够覆盖这些成本，并确保活动的顺利进行。

具体的收入和支出情况，需要根据实际情况进行计算。如果参与人数能够达到预期，并且学费收入能够覆盖成本并有盈余，那么这样的活动就是可行的。

组织线下课程时，可以根据不同人数和需求，派遣不同的老师。对于较少的学员群体，我们可以派遣具有特定专长和教学风格的讲师，如果学员人数较多，则考虑派遣经验更丰富、更具影响力的讲师。为了确保每次课程的质量和效果，我们可以设定基本的人数门槛。

2. 线上教学

利用腾讯会议等工具进行直播授课，是一个很好的选择。这种线上教学方式，既可以给学员进行赋能，也可以在线上连麦给他们上课。不仅可以突破地域限制，让更多的人参与进来，还能提供更加灵活的学习方式。可以考虑设置固定的线上课程时间，并提前进行宣传和推广，吸引更多的学员参与。

3. 个案咨询和后续服务

对于有咨询需求的学员，我们就在线上让个案师介入，做完个案后可以推荐学员报名课程，以及进行疗愈等。这些服务能够更深入地满足学员的个性化需求，提供全方位的支持和帮助。

彼此"搭台唱戏"的互助销售模式

心灵成长教练之间,"你帮我,我帮你",这符合商业世界中互利共赢的原则。通过这种模式,大家能够共享资源,共同开拓市场,从而实现更大的商业价值。

有名望的老师和擅长销售的人才,各自的优势和特点不尽相同。当这两者能够相互"搭台",携手合作,不仅能各自发挥所长,更能相互成就,共创双赢的局面。

有名望的老师通常因为其深厚的专业背景、丰富的经验和卓越的教学成果,而受到学员的尊敬和喜爱。他们能够为学员提供高质量的教学和指导,帮助学员解决学习和成长过程中的难题。

而擅长销售的人则具有出色的沟通能力和说服技巧,能够很好地把握市场需求和客户心理,从而有效地推广和销售产品或服务。他们能够将产品的特点和优势清晰地传达给客户,激发客户的购买欲望,实现销售目标。

在直播或销售活动中,如果能够结合这两者的优势,无疑会取得更好的效果。比如,可以请有名望的老师进行产品介绍和教学展示,同时由擅长销售的人进行互动和促销,这样能够充分发挥各自的优势,提高活动的吸引力和转化率。

明确长处，盯住短板

如果你是一名优秀的心灵成长教练，在课程设计和咨询服务方面获得了业界的高度认可，这无疑是你的显著优势。在有限的时间和精力下，你需要更专注于自己擅长的领域，并倾向于选择与经验丰富的个人或团队合作，以最大化地发挥你的优势并推动项目的成功。

如果你是一名出色的销售人员，在产品成交方面表现出色，那么你可以记录下每一次的成交率，分析成功的因素，以便不断优化自己的销售方法和技巧。同时，与那些和你合作过的、连过麦的人保持良好的关系，你可以邀请他们为你录制VCR或推荐视频，这些正面的反馈将极大地增强你的行业影响力与信誉度。

另一方面，如果你在交付方面做得非常出色，但缺乏销售能力和流量，那么与经验丰富的个人或团队合作，可以帮助你将优质的产品或服务更好地推广给潜在客户。

要想做好一个企业或项目，关键是清楚自身的长处，要知道自己最擅长的是什么。同时，更需明白自己的短板，并努力去弥补它。

心灵成长教练的品牌故事片，
不仅仅是营销传播，
更是一种影响力和智慧财富的积累，
可以传递更丰富的质感层次与生命能量。

> 如何为心灵成长教练打造 IP 故事片，成就影响力？

——冯心台

亲爱的心灵成长教练：

你是否还记得，是什么经历引领你走上探索心灵成长之旅？你是否梳理过自己一路走来的跌宕起伏？

不管是痛苦与悲伤，还是欢喜与幸福，你是否看到这些过往沉淀下来的都是宝贵的财富和品牌资产？

你是否想过，你的人生故事有着巨大的能量，可以影响无数人的生命，触动无数人的心灵，仿佛一部动人的电影，让精准的客户更快速地了解你、喜欢你、信任你，成就你的影响力？

每一位心灵成长教练都有其独特的人生经历，每一段经历背后都隐藏着更深层次的人生课题，涉及自我成长、人际关系的交织，或是个体与世界的互动等，只有秉持坦诚与谦卑的态度，坚持对"真"与"实"的生命真相进行探索，才能打造真正打动人心的倾心之作。

作为深耕十五年商业影像的导演，十多年的心灵学习实践，也启发了我将商业影像与心灵成长相结合的创作愿景。

我将成为你心灵直觉的陪伴，一同探索好的故事如何为品牌赋能，揭示其奥秘，展现其精彩。

  一位亲身经历抑郁康复之路的心灵导师，建立了心理学品牌，她的故事激励了许多有共同经历的人，生命的蜕变也来自和家族能量的联结。

  一位身心灵商业策划导师，主动扛起先生突发的债务危机，陪伴先生和孩子一同走出困境，凭借内在的生命力和真情实感活出更好的生命状态，赢得了很多人的信任。

  一位十几岁开始流浪的心灵导师，苦练演讲技能，没有听众就对着小树林演讲，见到外国人就练习英语口语，抓住每一个机会，打破禁锢，持续行动，成为当地的优秀演讲者。

  一位经历过生死考验的创始人，她用自己的生命奇迹唤醒了人们对生命能量的敬畏和珍惜，影响了很多人从事业走向志业，启发愿力、绽放人生。

从以上几个心灵成长故事中可以看出，每一位心灵教练背后都有丰富的初心和愿力值得被更多人看见，他们的故事有血有肉地传递品牌价值，既扩大了影响力，也为他们赢得了广泛的认可和尊重。

若想塑造出一个具有感染力的IP故事片，关键在于融合丰富的故事素材，通过不同角色身份、关键事件的场景、行为动机的演变，以及认知和能力的不断升级，梳理出一条清晰而深刻的人生轨迹。然后,将一个个成长的关键时刻巧妙地串联起来,组合成一个连贯且意义深远的人生故事,将观众带入一个既真实又充满想象力的世界,让他们在共鸣与感动中见证主角的蜕变与价值的升华。这样的故事片,才能闪耀其内在光芒,给人留下难以磨灭的印象。

帮助心灵成长教练打造 IP 故事片,也是一场疗愈和心灵能量提升之旅。当你随着人生故事的梳理呈现,你也会更加清晰地看到你的过去与未来,确认当下状态,从而为自己带来心灵力量和信心,释放更大的社会影响力。

心灵成长教练的品牌故事片,不仅仅是营销传播,更是一种影响力和智慧财富的积累,可以传递更丰富的质感层次与生命能量。

IP 故事片:构建穿越周期的品牌资产

IP 故事片具有巨大的价值:它是永久的电子名片,能帮助你释放巨大的能量,引爆你的影响力,构建穿越周期且具有稳定价值的品牌资产。

在互联网时代,越来越多的 IP 故事片以短视频形式出现,底层的逻辑是在情感账户中积累资产。

当你梳理了自己的人生故事,找到你那个一触即发的内核,更加清晰地构建了你的人设,更加确定了你的定位,并具有独特的个人标签、个性风格,就可以让你的精准用户迅速地认同和信任你。

IP品牌故事片，也就是一组置顶的人设三部曲视频，将成为你的顶级影响力成交名片。以往你和客户交流时用纸张名片，客户知道了你的公司信息与职位，但是并不了解你的品牌，这时就需要打造个人品牌故事。跌宕起伏的故事情节能引人入胜，使你的客户能够快速了解和信任你。

将文字版故事拍摄成系列IP故事视频并置顶在你的社交平台，就可以成为一张持续展现价值、稳定可靠的电子名片。

你以往和客户进行自我介绍，用长长的文字或滔滔不绝的语言讲述时，是否发现很难抓住客户的注意力？你是否讨厌营销式广告，渴望更真诚、更自然地与客户建立关系？一个IP故事片，就可以在最短的时间内帮助你和用户破冰沟通、建立信任，非常自然地推动影响力联结，并通过置顶的方式释放长期品牌价值。

IP故事片不仅是一种视频形式，更是一种品牌战略，是你在竞争激烈的市场中脱颖而出的杠杆利器。它不仅是品牌的灵魂，更承载着你个人的梦想、你的价值观和使命。

IP品牌故事片置顶三部曲这么有威力，究竟包含哪些核心内容呢？

1. 我是谁：个人品牌故事

其实，你自己就是最好的品牌代言人。你的个人品牌故事，包括你全面的人生经历、成长故事、创业缘起、初心、现在的成果和突破,以及愿景和使命。

你需要深入挖掘你生命中的关键时刻,找到适合你的故事原型,探索你的英雄之旅,帮助你找到精准的人设定位、内容定位和形式定位。

人们通过了解你的故事,从你跌宕起伏的成长经历中,感受到你的坚韧、勇气和智慧,对你的人格特质了解得非常清晰,从而加深对你的品牌的印象,为你的专业和敬业买单。

挑战、成长和转变是你生命中不可或缺的一部分,也是你与他人之间萌发真挚情感的源泉。若观众与你有共同的经历,情感共鸣会使你们迅速建立信任,打破以往漫长的信任链条。

这种共鸣不仅可以让观众感到自己不再孤独,还可以激励他们积极面对生活挑战,寻求内心成长与启示。这也是非常好的关系联结入口,很多大V通过IP个人品牌故事作为流量入口,实现与粉丝的深层次关系联结,在发售过程或者直播间实现高客单成交转化。

2. 我有什么:产品故事

当用户了解了你是谁,就会对你有什么产品(或服务)产生兴趣,看看你是否可以帮助他解决问题,你的产品可以带来什么价值。

产品故事的最大作用就是传递市场价值。在我合作多年的国际品牌中,一句广告语就是一个产品故事,创意来自如何从产品和用户的沟通语境中去寻找连接点,打开消费者思维的钥匙,激发消费者的梦想状态,推动消费者的信任行动。

产品故事可以激发用户情感,增强产品认同感。

产品认同是建立在用户对品牌和产品的深入了解和共鸣之上的情感连接。打造 IP 产品故事的目的之一就是激发这种情感认同,让用户感受到品牌和产品与他们的内心需求和价值观相契合。

想象一下,视频画面中展现了你作为心灵成长教练在与客户交流时所散发的温暖、理解和支持,那种感动会直抵观众的内心深处,这就会激起那些寻求内心成长支持的精准客群的强烈共鸣。

他们会随着故事的发展而共情,与你和客户一同经历情感的起伏与成长。这种真挚的情感共鸣不仅会打动他们的内心,还会激发他们对自我成长的渴望,并愿意寻求你的帮助,与你建立更深层次的情感联系,培育他们对品牌的忠诚度,促使他们成为品牌的长期支持者和推广者。

产品故事还能以客户见证的方式传递品牌价值。

在产品故事中融入客户案例的分享,内容可以是你作为心灵成长教练在实际工作中所取得的显著成绩和引人注目的改变,以此彰显你的实际影响力和价值。比如,可以列出这样的案例:

第一,客户遇到的问题(内在或外在)。

第二,寻求方案时遇到的障碍。

第三,遇到你之后,你给出的解决方案(产品)。

第四,使用后的变化。

第五,用户愿意推荐的原因。

当你的产品故事里有更多客户见证的案例,观众就会更加深刻地认识到你的能力和影响,渴望你带领他们到达梦想状态,从而激发他们对你的信任和尊重。

3. 为什么是我:专业和愿景

这部分内容是你的 IP 个人品牌故事片和产品故事片的衬托和补充,不仅可以展现你的实力和专业资格、权威背书,让客户感知到你的核心竞争力,还可以准确表达你的愿景,提高你的影响力和认知度。

勇于展现你的专业知识和内在洞察能量,让你的品牌价值占领市场高地。通过在 IP 故事片中展示你如何运用心理学、心灵成长理论等工具,帮助客户解决问题,实现转变,展现你的责任感和专业实力,让你的能力更加可信。这包括捕捉你专注工作的细节,你的理论体系的权威背书,以及和客户互动的真实反馈,等等。观众将更加深入地了解你的专业精神、服务精神,从而增强对你的信任和认可。

愿景价值故事,可以突出心灵成长教练的核心价值观。你的坚持、勇气和同理心是你成功的关键。这些价值观不仅体现在你的言行中,更贯穿于你的每一个故事里。同时,愿景故事所代表的社会价值和使命,会提升你的影响力和认知度。这样的 IP 故事片不仅是对心灵成长教练的赋能,也是对观众的启迪和引导。

这样的三部曲 IP 故事片置顶故事，可以完成认识你、了解你、信任你等多元角度的沟通，让用户快速建立与你的连接，这样就可以在发售中放大十倍或者百倍业绩。

艺术审美 + 故事情感 + 价值洞见 = 品牌沟通

1. 与众不同之美：构建情感联系的存在

什么是一个 IP 品牌最有影响力的能量？那就是以独特艺术审美呈现你的与众不同。

吕克·费里在《审美之人》中说，"美"可以被理解为品位，当美与人的主观性联系在一起时，人们甚至可以把它界定为：美在我身上唤起的感受和情感。

一件物品不是因为它本身的"美"而惹人喜爱，而是因为它能带来某种情感的触发，才会被人称作"美"。

因此，独特的艺术审美是用来传递反映创建者的世界观，制定一种与他人构建情感联系的存在。

"与众不同"并非仅限于外在容貌，更是内在品质、独特天赋和自我价值的展现，包括多样性、独特性和包容性的个性魅力。IP 品牌需要更强的自信力，释放积极向上的生活态度和内在自信，重新定义和呈现人格魅力的内涵。当然，"与众不同"并非突出自我的感觉，而是在独特中找到价值观认同，回归共同与共鸣。

2. 真情实感：情感穿透力是影响力的关键

一个打动人心的故事，来自真实的情感释放与共鸣。在 IP 故事片中，我们可以通过真实的表达，勇敢面对生命的挑战，来共同穿越至暗时刻，完成一次与内心的和解，为自己注入爱的能量。

3. 价值洞见：生命蜕变与影响力之路

每个人的人生都是一场蜕变之旅。心灵成长教练是勇敢、高意识的群体，一个有影响力和社会价值的 IP 故事，更是记录了关键时刻的人生蜕变和核心价值观的升级。

通过深度提问，探索心灵成长教练故事的奥秘，记录下生命中的高光时刻、困境、低谷、转折，我将帮助你寻找故事中的特质和记忆点符号，从个人英雄之旅到愿景价值升华，再到你的个性特质、你的生命改变，串联出生命中的珍贵时刻。深度探索不仅让你看见自己，也能触动他人，体验一场心力觉醒的疗愈之旅。

心灵之光，照亮世界

关于 IP 故事片成就影响力还有很多关键点，通过几分钟的故事片让客户看见你的人生经历是真实的、有力量的，你的价值观、视野和格局是有深度的，把你的内在看不见的无形价值通过有形的文化艺术传递出来。

高级审美质感和细节呈现，创造充满意境的想象空间，细心发现生命中平凡而美好的细节，比如大自然的光、真挚的微笑、微小的动作等都能展现生命的丰富。

最懂你的 IP 故事片导演已就位，期待为更多心灵成长教练梳理出你的品牌好故事，承载你的发心，让它更有力量，联结生命关系，让你的 IP 故事片吸引高价值客群，呈现高质感的风采，展现生命的真善美能量！

一个品牌和产品之所以有价值，是因为人赋予其价值。作为勇敢的心灵成长教练，期待闪耀你的内在光芒，高品质成就你的巨大影响力！

平衡好公益与盈利的关系，
是实现长远、可持续发展的关键。

心灵成长教练
如何直面金钱的恐惧?

许炜甜

如果你的课程只是一味地做公益而忽略其潜在的商业价值，很有可能资源受限，难以持续长久。在心灵成长领域，盈利并非目的本身，而是它能为你提供更强大的能力去深化服务，更广泛地惠及他人。

通过合理的商业模式实现盈利，不仅有助于提供高质量的内容和服务，实现个人价值和社会价值的双重提升，同时也是一种对你自己专业知识、教育能力及创新思维的一种有力证明和认可。

因此，平衡好公益与盈利的关系，是实现长远、可持续发展的关键。

以终为始，明确成交目标

学员为什么会愿意付费参加你的课程？付费代表了对你

的认可，代表了学员从你的课程中有所收获，认同你传授给他们的内容，并且愿意持续跟随你学习。更重要的是，付费代表学员对你未来能为他们创造的价值有信心。因此，付费不仅是交换知识或技能，更是一种信任和期待的体现。

对于线下课程而言，鉴于场地租赁和团队成员薪酬等实际运营成本的存在，其运营的核心目标之一是实现盈利，这是毋庸置疑的。为了实现线下课程的盈利目标，你必须以终为始来设计课程。所有课程的设置和内容都应该指向这个目标，确保学员能够从中获得最大的价值，从而愿意付费学习。

成交为爱，预埋付费"种子"

在现实生活中，许多人都难以摆脱过去的伤痛或困境，这往往成为阻碍他们向前发展的"卡点"。通过电影疗愈这一独特的方式，将这些难以言说的心结呈现给学员，并引导他们思考如何放下过去，重新开始，发心为爱。

同时，在解析过程中植入关于爱和成交的理念：

> 伤害不是爱吗？我们成交，难道不是因为爱吗？

但我们并不是直接说出成交的目的是爱，而是通过课程内容的呈现，这种处理方式既能体现出专业性，又能使学员在不知不觉中接受了这一观点：老师现在让我付费，其实是想持续帮助我,这是爱的体现。我付费了,才会有更多更深入的收获。

还有一个很关键的成交点,当我们在为客户提供咨询时,容易出现咨询是咨询、销售是销售"两层皮"的情况,在全部解析完了之后你才说:

你买个红石榴石吧!

对方肯定不买。他会觉得:

你前面所说的一切,都在为了卖红石榴石做铺垫,你不是为我好。

顶级的销售,是在给客户解析的过程中,自然地提到:

根据你的情况,红石榴石可能是一个不错的选择,红石榴石火红的颜色象征光明和平安,有着美好的寓意,它能够给你带来积极的心理暗示,助你增强自信……

可见,产品植入方式非常重要。与客户的交谈一定不要结束在成交上,这样的"硬成交"会引起对方的反感并加强他们的心理防线。而软性的植入方式,用一两句简短而有力的话语来提及产品或服务的优势,无需过度渲染或夸大其效果。

相信很多人都有过这种经历：在观看电影、连续剧或刷短视频时，突然对剧中一闪而过的某个奶茶、面包或其他物品产生兴趣，甚至立刻暂停视频，下单购买。这也说明了，当某些事物以恰当的方式出现在你的视线中，就能够迅速激发购买兴趣和欲望。

在销售过程中，如果能够像电影或短视频中的情节一样，将产品或服务以更"丝滑"的方式呈现给客户，那么成交的可能性就会大大提高。

下达明确指令，配合成交

成交的核心在于下达明确指令，这不仅对于讲师而言很重要，对于任何希望影响他人、达成目标的人来说都至关重要。在成交时，明确的指令能够帮助听众或观众清晰地理解你的期望，从而更容易产生行动。

在需要配合成交的时候，我会无数次强调：

> 现在报名导师班，你可以获得以下这些权益……

我给出了明确的指令。我也无数次重复：

> 你现在立刻走上来成为我的学员，可以优先获得这些

权益……

这种明确的指令，让人们能够立刻理解，如果他们按照你的要求行动，他们将获得什么好处。

相反，如果给出的指令不明确，或者没有强调行动的紧迫性和潜在收获，学员们就会感到困惑，不知道应该如何回应。比如说：

你现在愿意成为我的学生，我就会……

这样就没有人愿意走上去，导致成交的效果大打折扣。

不好意思谈钱与敢于谈钱

如果你不好意思与客户谈钱，说明你把重点放在钱上了。你要对自己有足够的自信，对自己所给的东西有足够的自信。

你需要明白的是，金钱本身并不是世俗的象征，而是现代社会中一种重要的资源交换工具。它可以帮助你实现更多的目标，为更多的人提供服务和帮助。因此，即使你的使命是助人，也并不意味着需要完全避免谈论价格。

你可以尝试调整自己的观念，将金钱看作实现自己使命的一种手段，而非目的。在与人交往和商业合作中，可以坦诚地表达自己的需求和期望，同时也尊重对方的利益和需求。

通过合理的买卖交易，可以实现资源的优化配置，为自己和他人创造更多的价值。经济收益也是你为世界创造价值后，世界给予你的"掌声"。

流动创造价值，消费也是做慈善

资金在慈善事业中扮演着重要的角色，没有足够的资金，很多慈善项目都难以实施。那些能够在慈善活动中捐出大量资金的人，往往也是通过自己的努力和智慧创造出了巨大的财富价值。

洛克菲勒作为一位成功的商业家，他的财富积累过程可能充满了争议和挑战，但他在慈善事业上的贡献也是不容忽视的。他捐助了北京协和医院等众多项目，为社会做出了巨大的贡献。

这就可以看出，赚钱并不仅仅是为了个人的享受和满足，更是为了能够为社会创造更多的价值。当你通过自己的努力和智慧创造出财富时，也应该思考如何将这些财富用于更有意义的事业上，为社会做出更多的贡献。

此外，当我们消费时，我们不仅仅满足了自己的需求，更是在整个经济链条中发挥了作用，让更多的人受益。

比如，你今天想试试开好车，可以租一辆豪车，租给你车的这个人拿到这笔一天几千块钱的租金，他就很开心。他请他的家人去吃饭，那他的家人也很开心。餐厅里的服务员、厨师、前台等员工也很开心，因为他们拿到了当天的工资。卖菜的人也很开心，因为餐厅有收入，餐厅有顾客，他们才能卖菜给餐厅。菜是种出来的，种庄稼的人也很开心。养猪的、养牛的人也很开心，把粮食运输过来的人也很开心，把这些肉、菜运输过来的人也很开心……

今天你花出去的任何一笔钱，背后整个经济链条上的人都会因你的消费而开心。

这展示的就是金钱流动背后的连锁效应和正面价值。当你购买商品或服务时，资金会流入各个行业，支持企业的运营和发展，同时也为员工提供了就业机会。这样的资金流动有助于维持社会的经济运转，促进社会的繁荣。

所以，消费本身就是一种"慈善"。

当你提供服务或产品并收取费用时，实际上是帮助用户解决了问题或满足了需求。因此，应该以积极的心态看待金钱的流动，让它在你的生活中发挥最大的价值。

做心灵成长教练的老师，
特别适合去做工具性开发，
即理论体系形成工具化，
工具化以后就可以用来做小程序，
可以在小程序、公众号和短视频上引流。

"
心灵成长教练该如何做发售?

创客匠人老蒋

什么叫发售？发售的逻辑其实就是通过营造大事件，建立势能，通过势能进行批量式销售。

创客把发售的整个定义分为三个档次：单场100万~300万元的发售叫合格的发售，单场300万~1000万元的发售叫大发售，单场1000万元以上的发售叫超级发售。

关于心灵成长的平台，我们做过很多百万级以上的发售，比如UP星球、鼎心人类图。发售可以协助老师在短时间内拿到结果、快速出圈、拉升势能。

发售成功，我们做对了这几点

在这些发售中，我们做对了什么呢？

第一，定位清晰。

不管是他的人群画像还是他的产品锚点，以及产品适用普通大众的核心需求，都抓得很对。

第二，产品的整个框架思维设计。

比如整个发售产品的定价逻辑，就直接决定了他的销售额。

比如他要发售几百块钱的课程产品，那是很难达到百万级发售的；如果要做一场百万级发售，要有一万元以上客单的产品。

第三，超常的执行力。

就是执行比较到位，发售比较彻底。

以尚老师的 UP 星球平台举例。我之前带他做过一次发售，除了定位、产品定价之外，里面还有一个很核心的点就是，他的整个发售直播过程足够彻底。

尚老师在第一次发售的时候，他前面的 40 分钟其实卖得并不好，所以他就准备放弃。当时后台数据显示还有 180 多人同时在线，我们的发售团队马上给他的助理打电话说，只要还有超过 50 人同时在线，主播就不能下播。

因为尚老师在前面 40 分钟发售的过程中，一直在讲功能属性——你今天付费给我，我给你提供哪些方法。我们发现这个现象之后，就告诉他要讲情怀，讲为什么要做创富心理学这件事，你希望招到一群什么样的人，做一件什么样的事情。

40 分钟以后，尚老师开始从情怀，从为什么要干这件事情的角度去讲，到后面就又发售了将近一个半小时的时间,他的整个营业额就提高了。

第二天他的发售没有达到百万级别,于是我们让他一对一、点对点安排团队去做追销活动,最后销售额超过了100万元。

这是一个比较典型的发售模型。

那么,尚老师的发售之所以这么成功,我觉得有以下两点原因。

一是定位准确。

我们把UP星球这个平台转变为一个心理学创富的平台,从消极心理学变成了积极心理学,改变了它在普通大众心中的刻板印象,所以它的整个受众群体大幅度地扩大了。

二是执行力强。

比如刚才说在他第一次前40分钟发售不顺利的情况下,我们告诉他要坚持发售,他还能坚持发售一个半小时;我们告诉他,有50人同时在线就不能下播,他也做到了。

发售活动对老师的要求和条件

那么,从心灵成长教练这个角度上说,发售老师需要符合哪些要求和条件呢?

1. 发心纯粹

他的发心要足够纯粹,他的产品真正能够帮用户解决问题，而不是以赚钱为唯一目标。

那么怎么判断一个心灵成长教练的发心呢？

这个可以从多维度去判断，第一就是看他的产品，从他的产品和课程体系所使用的手段方式去判断。

第二就是跟他沟通、跟他一起完成调研表，从他做这个事情的愿景使命去了解，比如他做这个事情不只是为了赚钱，就说明他的发心纯粹。

2. 长期主义

要看他做这个事情的时间维度，也就是长期主义。尚老师在心灵成长这个行业持续从业 20 多年，从某种意义上说用户是能接受他的，同时也代表了尚老师是真正喜欢这个行业。

除了时间维度以外，还有一个就是他的执行力，他乐于去尝试。

尚老师之前请一家 MCN 公司做了两三年公域流量，结果亏了七八十万元，但他还在尝试。

我就觉得尚老师的愿力和心力是非常强大的，而且他很愿意去接触新鲜事物。因为发售本身也是比较新鲜的事物，如果他没有这种心态，其实很难做好发售。

3. 拥有一定的资源

尚老师的线上课程做了两三年，虽然亏了七八十万元，但至少他在公域流量里还是有一定的粉丝量。

做发售的几个关键点

如果未来有更多的心灵成长教练要做发售，有一些关键点还是需要注意的。

1. 重新梳理定位

一定要从一个新用户的角度来思考自己的产品，或者说我们的课程逻辑：新用户能不能听得懂、能否感兴趣？所以，要对我们的定位重新做二次梳理。

2. 改变客户的传统观念

改变客户对心理学这个行业的传统观念，即只有有问题的人才会去学习。这种观念要通过定位的重新梳理把它转变过来。

3. 合规

整个产品设计的逻辑要符合我们国家的法律法规。

4. 零存整取

发售是一个零存整取的过程，也是一个"人品红利"变现的过程，发售不能常态化，但服务可以常态化。

所以，发售前日常的付出、积累非常关键。我经常和很多老师说要多开直播、多开公益课、多与学员互动、多给予，这就是一个积累的过程。

我再以鼎心人类图这个平台举例说明。人类图是从国外引进的一个工具，鼎心人类图目前应该是国内做得最大的细分产品，它的创始人是房鼎容老师。

房老师以前在一家世界 500 强企业做了很多年的高管，他在和我们合作之前，其实做人类图已经很多年了。

我们再给他重新梳理的时候，首先从人群定位上做了垂直细分，将人群划分为两类：

第一类是想用人类图这个工具作为职业工具的人。这是一类专业人士，就是学完之后可以用人类图这个工具提升工作效率或者谋生。

第二类就是对心灵成长感兴趣的普通大众。我们都知道有些普通的心理测评，它可能需要填很多问题，而且测评得不是很准。但人类图的整个检测方式很简单，你只要把你的一些基本信息输进去，它就可以出一个模型。所以，我们在人群定位上划分为两类人群之后，人群的特定需求就很清晰了。

我觉得鼎心的发售做得好，还有一个很重要的逻辑，就是它的整个产品层次做得很好，特别是它的引流品做得很成功。

他自己开发了一个叫"人类图绘制"的工具，就是任何人进去都可以免费测评，之后就会免费生成一个测评报告，这给他带来了巨大的流量。

有了引流品之后，又推出了一个 9.9 元的低价课程来做客户筛选。所以，有些人做了免费的测评，他就有了大量的数据，有的人愿意付 9.9 元进行基础学习，到后面还有一个 9600 多元的专业课程。

所以，整个过程其实就完成了从免费用户再到 9.9 元的低价购置产品的客户筛选，再到高级用户的整个付费用户的免费引流、低价转化、高价营收的产品模式。

从这里面我们可以得出一个结论，就是做心灵成长教练的老师，特别适合去做一些工具性开发，即理论体系形成工具化，工具化以后就可以用来做小程序，可以在小程序、公众号和短视频上引流。

另外，房老师本人也具备非常优质的发售条件。

第一，他拥有一颗纯粹的发心。他的愿景是在中国推广普及人类图，让每个中国人都了解人类图，通过人类图帮助每个家庭提升亲子关系、亲密关系，从而达成事业成功与生活富足。

第二，房老师在世界 500 强企业有过多年的工作经验，其执行力、推广人类图的心力非常强大。

第三，经过几年在国内推广，他把鼎心人类图做成了国内细分产品领域的知名机构。

所以，我们帮房老师做成了一场 300 万级的大型发售。

面对发售趋势，需要做哪些准备？

那么，面对未来的发售趋势，心灵成长教练需要做些什么准备呢？

第一，就是拥抱它。因为发售确实是未来一种很重要的营销趋势。

第二，就是线下线上一起做。特别是心灵成长教练这个行业，更需要做线下，面对面地解决心理问题更重要。

关于心灵成长教练，我想送给老师们的一句话：发售见人品。

在日常生活中，包括讲师的人品，包括通过直播、短视频等形式持续地输出，以及有没有帮助到学员，在一场发售中就可以看出一个心灵成长教练的能量。如果心灵成长教练不做发售的话，某种程度上也就说明他的能量还不够。

另外，从发售中还可以看出他的产品是不是"割韭菜"的产品，因为发售要社群化、系统化、公开化，所以通过发售就可以看出一个老师的人品。

最后希望大家思考一个问题：如果你要积累发售品牌势能，还需要做什么？

心理学跟新工具结合，
可能就是"王炸"，
即：心理学+工具="王炸"。

> 心灵成长教练
> 如何拥抱工具及 AI 新趋势？

创客匠人老蒋

前沿科技能给我们带来巨大的效能提升、效率提升，这种提升可以说是指数型的。

为什么要关注新工具和 AI 新趋势？

作为一名心灵成长教练，想要不断成长，必须关注前沿科技。

还是以鼎心人类图为例，因为鼎心人类图在工具和 AI（人工智能）上运用得比较好。

他们整个的性格测评就是全部工具化，你输进去所需信息之后，一分钟之内就会生成报告，这一方面提升了服务效率，另一方面给他们带来了巨大的流量。

测评报告分为简洁版和标准版，简洁版免费给你输出一张图，标准版需要付 9.9 元。

付完 9.9 元之后，你有两种选择，一种是你自己看，当然也有文字解读；还有一种就是需要老师给你解读。他们培养了很多人类图的解读师，给客户解读时按时间收费，比如2000或者3000块钱一个小时。

站在一个用户的角度，我以前尝试过，我一听到人类图就很好奇，就想进去测一下我到底是什么性格的人；当初步报告出来之后，我就想知道详细报告到底是什么样的。所以，他的整个产品链路做得非常好。

需要掌握的基本原则

那么，在 AI 和工具方面，心灵成长教练需要掌握哪些基本的原则呢？

一般来说，你所处的圈层就决定了你的认知，所以我觉得一个心灵成长教练需要具备的第一个能力就是"破圈"的能力。

雷军曾说过一句话，你遇到的 99% 的问题其实都有标准答案。其实对于使用 AI 和信息化时代的这些工具的使用，也是同样的逻辑。因为很多人身处的圈子可能不对，所以我们要勇于去尝试，勇于去破圈。

当然，也有一些心灵成长教练的水平可能还不够高，还不需要提前关注这些工具和 AI。那么，这些人需要掌握什么原则呢？

其实你要先想清楚，做这件事情的目标是什么？以效益和客户为中心，就是我做这个事情到底能不能给客户带来价值。不要为了做而做，不要为了学而学。

比如作图，如果没有发售的场景，那么去学 AI 作图就毫无意义。只有当你有了特定的痛点和需求之后，才需要去对标。而你学习这个课程无须抱太大的期望，只当它是一件提升认知的事情就可以了。

另外，我发现很多真正顶流的心理学家或者心灵成长教练，他们基本上都用工具。

也就是通过工具化的程度，可以看出一个老师目前的上限。或者说从学员的角度，可以以工具化的程度评估一个老师的水平。工具化的程度越高，理论上来说老师的上限就越高。

心理学和新工具结合

心理是感性的，它解决的是人的感性问题。现在很多东西，如 AI 人工智能都可能在用心理学。我觉得心理学已经发展到了一个临界点，可能就需要和 AI 工具、新的媒介工具结合起来。

1. 心理学 + 工具 = 王炸

经过仔细分析你会发现，其实人工智能是运用了脑科学的，很多心理学也运用了脑科学。

我们也许可以说，心理学是人工智能的一项底层技术，就像搞科研的，数学是底层科学。

所以心理学跟新工具结合，可能就是"王炸"，即：心理学 + 工具 = "王炸"。

所谓的人工智能一旦具备自我意识和情绪，也就会形成机器人的心理。所以，如果说你是一个使用工具的心灵成长教练，我觉得你就是"王炸"型的，从某种程度上说，在所有做知识付费、教育培训的老师当中，你可能是最有优势的。

2. 结构化思维

我们要跟工具结合，这里有一个结构化思维，即：把经验体系化，把体系理论化，把理论工具化，把工具公式化，把公式图形化或视觉化。工具化的过程就是把工具再进一步图形化或视觉化。

3. 科学心理学

一个好的老师，应该具备科学性的特点，也就是你的授课内容要讲得透彻、讲得明白，可以用新的媒介、新的工具、新的 AI 融合起来去做探索。

因为在心灵成长这件事情上，如果有更多的大数据和样本，就可以更好地看到一个人成长的轨迹；内心的问题或内在的问题，其实也可以借助大数据建模，给大家提供一些探索的可能性。

第四章

实际干预，带学员走出困境

个人成长与帮助他人之间有着
紧密的联系。
经历过困难和挫折的人更容易理解
他人的困境，
从而更愿意去帮助他人。

> 如何引导学员
> 成为心灵成长教练？

许炜甜

在个人成长的过程中，复盘起着非常关键的作用。

有一次，我分享完自己的经历之后，有位学员告诉我，她对我说的"这个世界没有办法帮我，只能靠我自己"这句话深有感触。通过我的讲述，她也认识到了自我成长和反思复盘的重要性，从而产生了共鸣。

因此，要找到痛苦和难过的节点，提炼其中的来源和力量，理解自己与他人之间的共通性，最大化地激发他人心中的善意，激发他沉睡的记忆，激活他和你同频的感受，这些都是引导学员成为心灵成长教练过程中必须掌握的关键技能。

牵起对方的感受

我们与他人沟通时，如果我们的内容能够触及对方内心深处的情感和经历，能够引起强烈的共鸣，加深彼此之间的连接，这就是"牵起对方的感受"。

对于曾经经历过抑郁的人来说，某些话语可能会激起内心深处的那份记忆和情感。因此，在讲课时，你需要注重细节，通过讲述一些真实的、贴近人心的故事或经历，来触动观众的情感。这样不仅能够让内容更加生动，还能够增强学员的参与感和认同感，同时可以激发他人内心的善意和力量，引导学员的心灵成长。

个人成长与帮助他人之间有着紧密的联系。经历过困难和挫折的人更容易理解他人的困境，从而更愿意去帮助他人。比如，你可以说：

> 你来跟我学习，不光能疗愈自己，未来有一天，你也可以把自己的经历分享给别人，成为照亮他人前行道路的"生命之光"。现在谈起你的痛苦经历，你一说起来就难受。但是未来谈起你的痛苦经历，你会成为他人的"灯塔"。

在人生的旅途中，总会遇到一些不如意的事情，而这些细节正是课程内容中不可或缺的部分。因为只有细节才会勾起别人的同情或者共鸣，能够激发对方善意的情绪，就能够打开他的心灵。

然后，我们再不断去塑造"自己淋过雨，现在要给别人撑伞"的过程，就能够让更多的人渴望自己也能够帮助别人。每个人的问题和困扰，都源自共同的人性，它们的底层逻辑是相通的。当你深入了解自己,理解自己的情绪和困扰时,也就更容易理解他人。在了解自己、提炼自己的过程中,你的力量也会逐步增强。

面对舞台,你恐惧什么?

紧张是很多人在公开演讲时都会有的情绪,甚至一些经验丰富的演讲者也会在特定场合感到紧张。因为每一次的演讲环境和观众都是不同的,都会带来新的挑战和不确定性。这种情况是人之常情,很正常。

但是,我们不能一直紧张下去,否则什么事情也做不好。

1. 消除紧张感的秘诀:姿态越低,重心越稳

如果你内心恐惧、不敢上台、紧张……可以尝试主动示弱和展现真实的自我,以消除紧张感,并加强与听众的互动,让他们感受到你的亲和力。

第一,降低姿态,展现亲近感。

降低姿态,实际上是一种心理策略。通过降低自己的姿态,我们自己会感到更加稳定,也能向他人传递出一种亲近和平易近人的信息。在演讲或教学中,这种姿态可以迅速拉近与听众的距离,减少紧张感。

第二,表达真实感受,降低期待。

在线下课程中,可以讲一些"我脚麻了,得活动一下"之类的话,这种真实感受的分享,能够让大家感受到你是一个真实的人，而不是一个高高在上的老师，也可以让他们对你没有太高的期待。

2. 目视观众，期望得到鼓励

当你上场后，讲课过程中发现台下有人呈现出双手抱胸、紧皱眉头等负面状态或表情时，他们会对你的自信心和讲课效果产生一定影响。作为讲师，需要具备处理这种情况的能力。这时候，你可以尝试采取以下策略：

第一个策略，选择一个观众，建立目光交流，观众的频频点头或者微笑都是鼓励。这样不仅有助于增强你的自信心，提高你的表达能力，还能让观众感受到更多的关注和尊重，从而提高他们的参与度和满意度。当你选择一位观众进行目光交流时，可以从他的眼神、表情或肢体语言中寻找积极的信号。一旦找到这样的观众，你就可以将注意力集中在他身上，与他进行点头、微笑等互动。同时，自动忽略、过滤掉负面的信息，做到"目中无人"。

第二个策略，有时候可以安排"托儿"。在讲课或演讲时，如果有几个分布在不同位置的"托儿"，也就是积极互动的"观众"，可以显著增强整体的互动氛围，使你感到更加自在和自信。

首先，这些"托儿"可以帮助你打破沉默或冷场的局面。当演讲者提出问题或邀请观众参与时，他们可以及时给予回应，从而带动其他观众的积极性。

其次，他们的分布位置也很关键。将"托儿"们安排在讲台的左边、中间和右边等不同位置，可以使你的视线和注意力更加分散，避免只关注某个特定区域的观众。这样，你会感觉更加自然和舒适，也能够更好地照顾到全场观众的需求。

当然，这种策略并不意味着要完全依赖这些"托儿"来制造互动。你仍然需要保持与全场观众的连接，观察他们的反应，并根据实际情况灵活调整自己的讲课方式和内容。

不念稿子，不等于不提前准备

如果口才不好或者记忆力差，你可以借助"提词器"等技术手段来确保内容的连贯性和自己的信心。

我之前讲课时，手心里都是小抄；水杯只有一个特定的面会朝向观众，因为另一面是小抄；我一定会摆讲台，因为讲台上面有小抄；讲台上一定会摆水果，因为我吃水果的时候可以看小抄……

不念稿子，不等于不提前准备。这些方法都很好用，甚至于你上个厕所都可以看一下你要讲的东西。不要担心线下课讲不好，你把这些都提前准备好，就没有课程讲不好。

你不需要了解全部的内容，只需要把要讲的内容梳理清楚，并在讲的时候完全投入。作为讲师，你的目标是将自己要讲的内容，更自信并且有效地传达给观众，而不是简单地背诵或复述内容。

全场互动

1. 多用"yes or no"的方式提问

演讲中经常向观众提问，是保持互动的有效方式。千万别不敢要求观众，你越敢要求，对方越会跟着你的节奏走。

提问时，应尽量避免开放式问题，你不要让自己处在尴尬的境地，因为这类问题可能得不到预期的回应。比如"现在，你们有什么感受"，这就属于开放式问题。

相反，要问能够简单回答的问题，也就是要把困难留给自己，简单留给别人。就像在现场互动提问的时候一样："大家在处理情感关系的时候，有没有吵架？有的请举手。"应该使用那些只需要用肢体动作回答（如点头、摇头、举手等）的问题，或者只需要回答"是"或"不是"的问题，这样的提问都是比较轻松的。这样既能保持活动的流畅性，又能确保得到听众的及时反馈。

2. 带动学员肢体动作

当发现有人注意力不集中时，不直接点名批评，而是通过集体的互动活动、小动作或指令来吸引大家的注意力，借助集体的力量把这个人的注意力"抓"回来。比如，你可以说："来，所有人伸出手，拍拍左边的朋友跟他说，今天遇到你好开心！"这种方式既不会让被点名的听众感到尴尬，又能有效地将大家的注意力重新拉回到演讲中。

既然是方法,就一定会经历从生疏到熟练的过程。我们可以通过模仿、回忆、思考、复盘,再借助上台演练来不断精进。

实践是检验真理的唯一标准。如果你想让自己的能力、价值真正上一个台阶,不仅需要不断提升自己的演讲技巧,还要深入思考、不断练习、勇于探索,更需要你用心去感受、去体会。

三个关键的心灵成长节点：
由简入繁，由表到里，
由能量到身体。

心灵成长教练如何引导学员觉察情绪？

智慧

我从业 27 年来，一直在帮助人们更加美丽和健康的事业上奋斗打拼。父亲是老一辈的预防医学教授，我传承了父亲的品德和专业能力，也一直致力于研究身体健康管理、心理学知识等，希望助人助己。

我一直认为，我的使命是给更多的人带去美丽与健康。直到有一天，母亲突然离世，给我带来沉重的打击。母亲是一个爱抱怨、性格不是很随和的女人，我本能地认为她的离世不会给我造成太大的影响。但是，我错了，母亲的离世成为我生活的重大转折！随之而来的，先是亲朋好友关系的突然断裂，然后是家庭的破裂、孩子叛逆、事业滑坡、身体生病，那时的我，陷入了谷底，感觉迷茫无助，甚至有过轻生念头。

后来，我遇到心灵成长的老师帮我疗愈，才让我意识到：我的心病了，能量出问题了！

我发现：这世界上有一种爱叫"陪伴"，还有一种技术叫"疗愈"，我们每个人都能自我疗愈和回归本我！"死而后生"的我,从人生至暗时刻的低谷爬出来后,才明白人生除了活着之外,还有更深层的意义等待我去追寻。

我通过调整自我,重新树立了生活的信心。我的生活状态也得到了改善:我有了新的爱人,孩子再次回归,我的身体也恢复了健康!

我蜕变的经历,可以归纳为三个关键的心灵成长节点:由简入繁,由表到里,由能量到身体。

在我成长的过程中,"情绪管理"一直是我面临的一个挑战。

以前,我是一个容易激动和焦虑的人,经常会陷入自己的情绪或者身边人的情绪之中,久久不能自拔!比如我的感情情绪,经常会以伴侣为中心,他好我就好。他的言谈举止严重地干扰着我的生活,比如我做饭会看他的眼色,他夸我做的饭好,我就会有成就感;他不好好吃或者说我做的饭不好,我就会胡思乱想。我曾经陷入低谷,感到无助和迷茫。

正是这些经历,让我决定成为一名心灵成长教练,帮助他人更好地管理自己的情绪。只有帮助学员控制和运用情绪能量,让它们成为学员的"生产力",而不是成为学员的"主人",才能真正帮助他们实现身心健康和全面发展。

认识情绪

情绪是我们内心世界的"晴雨表",它反映了我们的感受、思想和价值观。它可以是积极的，如喜悦、感激和喜爱；也可以是消极的，如愤怒、沮丧和恐惧。情绪是人类经验的一部分，它的存在是为了保护我们，并提醒我们注意潜在的威胁或机会。情绪也是我们能量高低和觉知的风向标，我们觉察情绪的到来，看着它从发生，到发展，再到消失，其实是一种很美妙的享受过程。

静下来的方法

如何调整情绪，让自己的心静下来呢？我这里有几个方法，供大家参考和练习。

第一，深呼吸。

深呼吸是一种简单而有效的方法。通过慢慢地吸气和呼气，你可以放松身体和思维，让自己的内心逐渐平静下来。

第二，冥想。

冥想是一种练习专注力和觉察力的方法，可以帮助你培养内心的平静。找一个安静的地方，坐下来，专注于呼吸或一个特定的对象，让思绪平静下来。

第三，身体活动。

身体活动可以释放紧张情绪，促进身体和心理的健康。你可以选择跑步、瑜伽、游泳或其他适合你的体育运动，让身体和内心都得到锻炼和放松。

第四，写日记。

写日记是一种表达内心感受和情绪的方式。通过记录你的情绪和想法，你可以更好地了解自己，并找到应对情绪的方法。

第五，寻求支持。

有时候，我们需要寻求他人的支持和理解。与亲朋好友或心理健康专业的人士交流，他们可以给予你支持、鼓励或建议，帮助你更好地应对情绪挑战。

心灵成长教练如何引导学员觉察情绪？

1. 善于倾听和提问

作为心灵成长教练，倾听是最重要的职责和能力之一。通过倾听学员的经历和感受，我们可以更好地了解他们的情绪状态。通过提问，我们可以引导学员更深入地思考自己的情绪，并探索潜在的原因和影响。

2. 提供反馈和指导

根据学员的情况，我们可以提供个性化反馈和指导。通过分享自己的经验和知识，我们可以帮助学员更好地理解情绪，并提供有效的应对策略。

3. 创造安全的环境

学员需要一个安全、有尊重和信任的环境来表达自己的情绪。作为教练，我们应该创造这样的环境，让学员感到舒适和自在，以便他们能够真实地表达自己的感受和想法。

4. 引导实践

了解情绪理论是一回事，而将其应用于实际则是另一回事。教练可以引导学员进行实践，例如在日常生活中练习情绪调节技巧，帮助他们逐渐提升情绪管理能力。

5. 鼓励自我反思

自我反思，是觉察情绪的重要环节。教练可以鼓励学员反思自己的情绪和行为模式，思考如何更好地应对不同的情绪和情境。

以下是一些真实的案例，展示了心灵成长教练如何引导学员觉察情绪并找到平静下来的方法。

案例一：焦虑的职场新人

小张是一名职场新人，面临着工作压力和职业发展的不确定性，他经常感到焦虑和不安，无法集中精力工作。这种症状让他不敢工作，认为自己没有能力工作，他还出现了自我否定和幻听状态，甚至仇恨父母！

教练通过倾听和提问，了解到小张的焦虑情绪源于对未来的担忧和自我怀疑。教练引导小张进行深呼吸和冥想练习，帮助他放松身心。同时，教练鼓励小张写日记，记录自己的感受和想法，并进行自我反思。

通过这些方法，小张逐渐学会了觉察自己的情绪，并找到了一些有效的应对策略。他开始更加专注于当下的工作，提高了工作效率，同时也减少了焦虑情绪的影响，和父母的关系也日渐亲密，成了一个有自信、胜任工作的优秀人才。

其实，我们每个人都可以成为我们想成为的样子。

案例二：愤怒的母亲

小李是一位母亲，她经常因为孩子的行为问题而感到愤怒和沮丧。她的情绪波动很大，这影响到了她与孩子的关系。痛苦在母子中间徘徊，最后都变成了仇恨！

教练通过倾听和提问，了解到小李的愤怒情绪源于对孩子的期望过高，把自己未完成的愿望施加给了孩子，以及缺乏有效的沟通技巧。教练引导小李进行身体活动，如瑜伽和散步，帮助她释放紧张情绪。同时，教练鼓励小李寻求支持，与其他母亲交流经验，并学习有效的沟通技巧。

通过这些方法，小李逐渐学会了控制自己的愤怒情绪，并改善了与孩子的关系。

案例三：沮丧的创业者

小王是一名创业者，他面临着业务发展的挑战和不确定性，经常感到沮丧和无助，对自己的能力产生怀疑。

教练通过倾听和提问，了解到小王的沮丧情绪源于对失败的恐惧和自我批评。教练引导小王积极进行自我对话，鼓励他关注自己的优点和成就。同时，教练建议小王与其他创业者交流经验，并提供了一些资源和支持。

通过这些方法，小王逐渐恢复了自信，并找到了一些新的商业机会。

情绪管理是一项重要的技能，它对我们的生活、工作和人际关系都有着深远的影响。作为心灵成长教练，我们有责任引导学员更好地觉察自己的情绪，并提供有效的方法来帮助他们静下来。

通过实践和持续的努力，学员们可以逐渐掌握情绪管理的技巧，实现自我成长和提升。让我们一起努力，让情绪成为我们的朋友，而不是敌人，为我们的人生增添更多的色彩和幸福！

人生最大的问题在于
"给自身贴标签",
很多情绪波动是自己造成的。

> # 心灵成长教练
> # 如何引导学员实现身心平衡？
>
> 吴丰言

能量是承载与组合成为生命主体的组成部分，有正有负。正能量和负能量之间能保持动态平衡，身心才会和谐、顺畅。

什么是负能量？

负能量，是指人体生命产生的消极、颓废，起负面作用的能量。

考量负能量的维度有很多。比如，从心理的角度来看，消极、悲观、颓废、沮丧是负能量；从身体的维度来看，疾病、创伤、疼痛、寒凉是负能量；从行为的维度来看，是非不分、左顾右盼、驻足不前都是负能量；从自然环境来讲，布局不协调是负能量，拐角突出、大小不对称、长宽不对等、高低不匀称等均为负能量。

如上种种，我们可以进行区分，凡是正向的、积极的、向上的、向好的为正能量；凡是负面的、消极的、情绪波动的、感情失衡的、心理失控的为负能量。由此我们判断，负能量

通过勇敢面对内心的痛苦，
激活自善机制，
我们可以找到自我救赎的力量，
实现心灵的重生和生活的重建。

更容易发现问题，并且提出切实可行的解决方案。

怎样保护自己的身心？

在沟通的过程中，表面上我们是主导者，其实在很多时候我们会变成聆听者、转化者和引导者。如果你没有保护好自己的身心，你本身强势的能量就会转化为弱势的，于是你就"中招"了。

我在这里所说的"中招"，其实就是你被他人影响，本来是你来处理"受伤害者"的情绪问题，你自己反受其害，成了真正的"受伤害者"。这种转变，也是能量的一种"错位"。

解决身心问题，就是对原有心态的梳理与对照。我们要知道，生命体既有相似的地方，又有其差异性。生命体本身是没有对错的，也没有好坏之分。生命体是真实的存在，生命体之间沟通、应变、化解、转化的方法，都不是仅仅利于单一的生命体的，而是要解决共同的问题，不是单赢，而是多赢。因此，不管是解决什么样的负能量带来的问题，都要明白一点：这不是解决一个人的问题。千万要慎之又慎，不可掉以轻心！

正确地认知正能量与负能量的关系，我们才能处理好日常的各类事务，处理好自己与他人的关系，我们的人生也才能幸福美满。

我有这样的一段感悟，跟大家分享一下：

> 沟通无障碍，只要有心意，不做伤害者，不做冲突者，没有杀伐心，没有禁锢意，可做谈判者，也做交心者，又能解问题，还要尊重人，彼此交了心，善良和如是，如是去解惑，无事不能办，只做有心人，又做协调者，上下为一心，谁见谁都爱，如是皆可为，良由无障碍。既是疏导者，也为沟通者，亦为正人师，方知人中人，如是皆可为。

对我们心灵成长教练而言，正确与消极，积极与颓废，情感与困惑，得与失，真与假，都不是我们来界定的，事物发展的规律和必然产生的条件本身已经说明了它的属性与功能作用。我们只是协调者、转化者、帮助者、扶持者，把有序变为无序，无序转化为有序。我们要把成与败，对与错，进行梳理、对接、沟通以及指导。

我们有时候是聆听者，有时候是旁观者，有时候是参与者，有时候是制造冲突的人，有时候是把握方向的人，有时候还扮演了冲突情节中的一个角色，这些都要根据具体的事件来进行判断。

有的人说要保持中立，有的人说用"另一只眼"看问题。其实，这些说法都指出了一个关键——不要陷入问题之中。如果你做到了这一点，你就成功了一大半。

保持中立的立场，不被对方的情绪和思路带着走，你才的产生，是人体能量向着相反运动的一种表现形式，负能量既能代表不好的一面，也能代表好的一面。

正确认识正负能量的关系

通常情况下，我们对正能量和负能量的认识和定义，取决于它们的呈现形式。如果以能量的形式表现出来，我们就称之为"能量运动"，通常以心智为主轴；如果以信息的形式呈现，我们称之为"阴性能量"。以能量为主的负面冲击，影响我们的身体健康；以信息为主的负能量，则可以影响我们的身心以及情绪管理。

我们需要正确认识正负能量的关系，要明白，两者并不是完全对立的，有时候可能还会出现转化的情况。

人生最大的问题在于"给自身贴标签"，很多情绪波动是自己造成的。患得患失使自己不知所措，不懂得保护自己和自我设限，从而盲目地添加了诸多条件，究其原因，是心理因素造成的诸多条件与障碍。

正确认识它们的关系，最好的方法是增加正能量，改变自身机能变化，从而给身体打造一道"防护墙"。有序循环，合理沟通，既能融合，还可以释放，形成良性互动。

能量既是循环运动，也是构成生命的主要组成部分，也可以说，它本身就是"生命体"，互通往来的最好方法就是跟个人的情绪去沟通，最终走向与能量沟通。

> 心灵成长教练如何帮助学员透过现象看清问题本质?

王治森

真相治疗与常规心理疗法的融合：开启自善机制，超越传统疗愈。

在促进心理健康的探索中，传统的治疗策略，常常集中于缓解表面症状、调整行为模式，或是通过增强潜意识中的积极能量，来促进个体的心理健康。然而，这些方法有时会忽略个体深层次的因果联系和内在的自我完善能力，即生命自善机制。缺乏对这些根本因素的关注，可能会使治疗效果停留在表面，增加患者症状复发的可能性。

而"真相治疗"则有所不同。真相治疗主张将个体的因果联系和生命自善机制，纳入治疗的全局考量中。常规心理疗法应该与真相治疗相融合，通过增强患者的自我认知和激发其内在的自善能力，促使他们更加主动地参与常规心理治疗，以实现更为深刻和持久的疗愈效果。

下面，我们来具体分析一个焦虑症病例，其发病的根源是失恋。

患者背景：张华（化名），28岁，女性，自由职业者，未婚。

主要症状：张华自失恋后，近一年来经常感到无缘无故的紧张和恐慌，并常做噩梦，伴有心跳加速，呼吸急促，有时甚至出现眩晕感。她害怕这些症状会在公共场合发作，导致尴尬或失去控制。

诊断：张华的症状符合广泛性焦虑症（GAD）的特征。

治疗方法：常规的疗愈方案包括心理支持、认知重构、潜意识治疗，以及适当的药物辅助；也包括通过运动、生活方式的调整来进行辅导性治疗。她还可能接受认知行为疗法，学习放松技巧，如深呼吸和渐进性肌肉放松，以及暴露疗法，逐步面对和适应引起焦虑的情境。

从浅层根源来分析，"失恋"作为生活中的一种常见挫折，往往会给个体带来深刻的心理影响。它不仅触发了一系列情绪反应，如悲伤、愤怒、失望，甚至绝望，还可能导致个体面临巨大的心理压力。在某些情况下，失恋的经历可能会暴露出个体在心理上的脆弱之处，例如对自我价值的怀疑或对他人的过度依赖。

张华的情况正是如此。她对男方的感情投入极深，因此失恋对她来说是一个巨大的打击。尽管她自身条件优秀，但对方的决绝离开让她难以释怀，心理上的创伤难以愈合。在这种情况下，常规的心理治疗方法，包括认知行为疗法或情绪聚焦疗法，虽然也有一定的治疗效果，但是进展比较缓慢。

透过问题找本质。在深入探讨张华的情况时，我们采用了因果规律和生命自善机制的视角，以期揭示她痛苦经历背后的更深层次原因。通过与张华的深入交谈，我们发现了一个重要的历史事件：她所经历的失恋并非首次，而是第二次。

在张华的第一次恋爱中，由于她个人的原因，她选择了结束那段关系。不幸的是，她的前男友在分手不久之后遭遇了车祸，不幸身亡。这一事件对张华产生了深远的影响，尽管她当时可能并未完全意识到这一点。前男友对她的深厚感情，以及他的突然离世，可能在张华的潜意识中留下了深刻的印记。

第二次失恋的痛苦，表面上看好像是由当前的情感关系引发的，但实际上可能是张华内心深处对第一次恋爱的愧疚和悲伤的一种显化。她的自善机制可能在试图通过这次失恋的经历，让她面对和解决过去未了的情感纠葛和心理创伤。

从真相入手，以自善机制启发患者。

在心灵成长教练的悉心引导下，张华逐渐开启了一段自我发现和自我救赎的旅程。起初，她对于自善机制的概念和因果关系的存在持有抵触态度，不愿意接受这些理念。然而，通过心灵成长教练的耐心沟通和生动的例证，张华开始意识到，自己过去的行为和选择，与当前的痛苦经历之间存在着因果联系。她开始认识到，自己内心深处的愧疚和情执，正是导致当前困境的根本原因。

随着自我认识的深化,张华开始理解到,自己的焦虑和痛苦,不仅是对过去行为的自然反应,也是自善机制在发挥作用,促使她面对内心的阴影,寻求改变和成长。她意识到,如果不采取积极的自我救赎行动,未来的生活可能会更加艰难,甚至会遇到更多的挑战和困境。

在这个认识的基础上,心灵成长教练进一步引导张华,帮助她学会接纳并超越当前的痛苦。张华开始尝试放下对前男友的执着,对自己过去的行为进行深刻的反思。她学会了对前男友产生愧疚之心,对生命自善机制的作用有了更深的理解。同时,她也培养了一颗感恩的心,感谢生命给予她的提醒和机会,让她有机会修正自己的错误,消除潜意识中的不良因果。

在这个过程中,张华经历了几次情感宣泄和心灵洗礼。她开始主动接受认知行为疗法(CBT),积极配合治疗,这对她的康复起到了关键作用。她也开始调整自己的心态,多做一些帮助别人的事情,获得正向激励,从而不断积累正能量。

随着时间的推移,张华焦虑的状态逐渐改善,她的心态也变得更加积极和乐观。最终,她成功地走出了失恋的阴影,重新找回了生活的乐趣和意义。

张华的故事告诉我们,通过勇敢面对内心的痛苦,激活自善机制,我们可以找到自我救赎的力量,实现心灵的重生和生活的重建。

在心理辅导的实践中，深入挖掘问题的本质并揭示真相，是关键所在。这要求我们引导个体认识到他们所面临的先天和后天的因果关系，并学会运用自身机制的力量来消解负面的影响。通过这一过程，个体能够洞察到痛苦的根源，激发内在的智慧，并走上自我救赎的道路，最终实现持久而深刻的疗愈。

因此，心灵成长教练在辅导过程中应致力于帮助学员洞悉问题的深层本质，找到问题的根源，再辅以适当的药物等，这样才能有效地提升治疗效果，加快康复的步伐。

通过这样的辅导，学员不仅能够解决当前的心理困扰，还能够强大自己的内心，以应对未来可能面对的困境和挑战。

引导来访者探索和觉察创伤性事件对观点认知、期待、渴望和自我层面产生的负面影响，并完成积极正向的转化。

> 心灵成长教练如何陪伴抑郁与焦虑学员走出创伤困境?

静怡姐姐

在心灵成长领域，"心理创伤"是经常被提到的一个词。透过对心理创伤的剖析和疗愈，很多人都走出了痛苦，重新体验到生命和生活的美好。然而，大多数人对心理创伤的理解并不深刻，甚至产生了误解。

什么是心理创伤？

美国精神病协会在 2000 年发行的《精神疾病的诊断和统计手册》，对创伤进行了定义：个体经历了一种或多种超过其生活经验范围的事件，这些事件包含严重身体伤害之实际发生或威胁性，或威胁到自己身体的完整性；或目睹他人死亡或身体伤害的实际发生或威胁性，而对该事件产生强烈的负向情绪反应，例如强烈的害怕、无助感或强烈的感受。

按照这一定义，心理创伤包括两个方面：一是这个人要经历一件危及生死的严重事件，二是他要表现出一些典型的、不受理性控制的症状，如高度警觉、回避、闪回（脑海里反复闪现创伤事件的画面）、解离（不自觉地走神、断片）等。

心理创伤的影响

心理创伤一旦形成，会进入潜意识，并且植根在潜意识中，很难随着时间自愈，也不太可能通过看书或运动、旅行等常规的方式实现自我疗愈。它会让一个人从性格到行为举止大变，前后判若两人。

心理创伤对一个人的影响类似于骨折，而不是皮外伤。对于一些轻微的皮外伤，我们甚至不需要处理，它都会自愈。但对于骨折，尤其是脊椎的骨折，如果不及时处理，会造成非常严重的后果。

心理创伤很容易在日常生活中被触发。遇到某些人、事、场景，都有可能触发心理创伤，让人瞬间陷入巨大的痛苦中无法自拔。例如，童年经历过溺水，成年后有可能变得极度缺乏安全感，还会突然被莫名其妙的恐惧和濒死感笼罩；童年经历过亲人去世，成年后有可能总是害怕伴侣会抛弃自己，因此不敢进入一段亲密关系。

心理创伤是导致严重心理疾病的重要因素，例如抑郁症、焦虑症、强迫症、双相情感障碍等。因为心理创伤导致的心理疾病，如果只靠服药，而不对心理创伤进行处理，很难彻底康复。

心理创伤还有可能通过DNA遗传给孩子，造成"代际创伤"。代际创伤最早由美国心理治疗师莫雷·鲍恩提出，指的是一个人不仅会经历创伤，还会把创伤造成的症状和行为传给他的孩子，而他的孩子还可能会把这些症状和行为传给他的下一代。

如何处理心理创伤？

案例：处理童年父母冲突的心理创伤

舒圆（化名）被诊断为抑郁症合并焦虑症，主要症状为惊恐发作，表现为类似心脏病发作的躯体症状，包括全身麻木、心率加快、手脚出冷汗、头晕眼花、全身无力，出现莫名的巨大恐惧和无助感，心脏好像要蹦出来，感觉自己马上会死。

做一对一心理咨询时，通常第一次需要花一些时间与案主建立连接和信任，以及对案主进行整体评估。舒圆之前参加过我带领的20次抑郁症主题系列微课，对我有足够的信任，所以对我非常开放，这使得我们的第一次咨询就能够进入很深的内在，即潜意识层面。

舒圆呈现的主要症状是惊恐发作，这也是当时最困扰她的地方。于是，我从她的恐惧入手，邀请她闭上眼睛，与自己的恐惧在一起。

她先感觉到双手发抖，胸口有一大团东西堵着。我告诉她不要有任何控制，让身体自由抖动。然后把注意力放在胸口，停留一会儿，看看是否有任何声音或画面出现。

　　她开始看到一些莫名其妙的画面，比如舞台上京剧中穿着白衣服的束长发男子、民国时期穿旗袍的女人、穿着花衣服的小女孩等。这些人物都一言不发，也没有一个是她认识的。舒圆看到每个人物时，都会感觉全身一阵阵的恐惧和紧张。

　　当我想象到舒圆的画面时，也立刻感觉到自己的汗毛竖了起来，全身战栗。

　　我知道，这些无法解释的画面，会让舒圆觉得自己不正常，甚至怀疑自己变成了怪物或疯子。

　　我做的第一个干预，是引导她感谢这些画面，并对这些画面产生好奇。我告诉她：你的内在很特别，在用这样的方式与你对话。

　　我的理解，这使她减少了对这些莫名其妙的画面的恐惧。

　　当她可以稍微放松时，我的直觉告诉我：让她跟那个小女孩对话。这可能是基于我的经验——与幼年经历有关。

　　我告诉她：问问那个小女孩，能否给你一些更加清晰的信息，让你能明白到底发生了什么。

　　结果，小女孩消失了。舒圆看到七岁的自己，正一个人在小吃店里吃早饭。果然，前面那些莫名其妙的大人都是障眼法，关键人物是小女孩！

我问舒圆:"你看到这个画面有什么感觉?"舒圆回答:"没有感觉。"我的评估是:舒圆跟自己非常疏远,她很少关注自己的感受,她会压抑或逃避自己的感受。

我让舒圆想象自己慢慢地走到小女孩(七岁的舒圆)面前,蹲下来,拉着她的小手,带着好奇和关爱。我问她:"发生了什么事?你现在感觉怎么样?"

这时,我看到舒圆的眼泪流了下来。

舒圆说:"她告诉我她很孤单。"

我让她欢迎她的眼泪,允许眼泪流淌出来,就跟她的孤单和悲伤待在一起。这是一个孤单的小女孩,在无人述说的情况下,压抑了很久很久的眼泪。我看到,她流出了很多眼泪。

接着,我让她抱住一个枕头,想象自己把小女孩抱在怀里,好让小女孩感觉到安心;然后,在心里创造一个小房间,是按照小女孩喜欢的样子布置的,里面有一张小床;邀请小女孩进入那个房间,陪她睡在床上,陪她说话。我要舒圆向小女孩道歉,请她原谅自己一直以来对她的忽视,并承诺自己从现在起将永远陪伴她、关注她的感受、守护她,直到生命的最后一刻。

当小女孩感觉到安全、温暖并且放松时,我让舒圆邀请小女孩长大,长到舒圆现在这样大,并与自己合为一体。

第一次咨询就在这里结束了。

舒圆感觉自己变得放松,胸口没那么堵了。

接着,我给舒圆布置了一周的每日功课:

第一,当恐惧再次出现时,不要抗拒,允许恐惧发生,还要欢迎它、陪伴它,把它当成一个需要妈妈关注的哭闹的小婴儿,倾听它试图向你传递的信息。

第二,每天坚持打太极。

第三,每天早晚坚持跟随我提供的录音做冥想。

第二次咨询时,舒圆反馈自己每天都坚持做功课,而且每天骑两小时自行车去做针灸。惊恐发作症状的频率和程度已经有所缓解。

就这样经过四次咨询,每次处理不同的议题后,舒圆感觉到更加放松,更加接纳自己,开始体验到喜悦。

我帮她找到了自己恐惧的源头:父亲和母亲发生了剧烈争吵,父亲拿起菜刀威胁妈妈,而她当时是个无助的4岁小女孩。我请她体会小女孩当时的感受,让她向父亲表达了自己在这个创伤事件中的恐惧、愤怒和怨恨,表达了对父亲的期待,以及对母亲的心疼和担心。

通过表达自己,舒圆因为这个深度创伤性事件而长期被压抑的负面感受得到充分释放,并且放下了对父亲的怨恨,原谅了父亲。同时,她也放下了对父母关系的期待,把自己从与父母冲突关系的纠缠中解放了出来。

第五次咨询结束时,舒圆感觉到自己更加放松,胸口堵着的东西又减少了很多。

经过咨询,我评估舒圆主要的心结已得到处理,剩余的部分她可以通过已经学到的方法自行缓解，于是建议她暂时停止咨询，坚持每天做功课并观察一段时间。

大约三周后，我追踪询问她的状态，她的反馈是："虽然有时候还会紧张和恐惧，但是症状大大缓解了，效果很明显。我想，如果一直这样稳定下去，再坚持调整内在心灵，我一定会痊愈的！"

舒圆的一对一咨询共有五次，都是通过手机视频进行的。每次根据具体情况 1~2 小时，累计 6 小时。在整个咨询过程中，我的主要目标是：提升她的觉察能力，让她更多地活在当下，学会放松，增加自我关爱和自我接纳。主要的改变包括：学会与恐惧共处，放下对自己的评判，处理童年时父母冲突带来的创伤，放下对父亲的怨恨和期待等。

总的来说，处理心理创伤的策略有以下几个要点：

第一，从闭上眼睛关注身体感受和心理感受入手。感受是我们通往潜意识的快捷通道，能够迅速把来访者带回到创伤性事件发生的情境中，唤醒被压抑在潜意识深处的更多负面感受。

第二，当更深的负面感受被唤醒时，要鼓励来访者通过语言或者身体自然发生的行为（哭泣、呕吐或颤抖）来充分地表达和释放感受。

第三，引导来访者探索和觉察创伤性事件对观点认知、期待、渴望和自我层面产生的负面影响，并完成积极正向的转化。

第四，两次心理咨询之间，要为来访者定制每日功课，以巩固咨询中取得的进步。

第五，心灵成长教练在整个咨询过程中要保持和传递中立、稳定、开放、接纳、耐心、好奇和关爱的态度。

心灵成长教练要帮助他们
设定某些能够实现的有限目标,
保持一定水平的"行为激活",
预防心境状态出现恶化,
使他们变得更有活力。

> **心灵成长教练从双相情感障碍
> 学员咨询中得到的几点感悟**

夏郡阳

双相情感障碍，通常叫躁郁症，是一种心境障碍。关键特征是极端的心境波动，从躁狂的高峰跌到重度抑郁的低谷，当事人的心境在高峰与低谷这两极间来回波动。心境高涨阶段或许会持续几天至一个月或更长的时间；心境低落阶段持续的时间或许会长得多，从几周到几个月不等。它最可能首次在一个人的青春期或成年早期发作。

躁郁症的原因

躁郁症的病因目前还不清楚，大量研究资料表明，有很多因素都会导致这种疾病的发生和发展。

从学术界的角度来说，出现这种症状的原因大概有以下三种假说：

1. 和遗传有关

从遗传学的角度来看，一般是最轻的，如果当事人的一个亲属患躁郁症的话，他患病的概率就会达到4%~24%，也就是说他患病的概率会是一般人的 5 ~ 10 倍。

2. 神经传导物质出现问题

神经传导物质如果出现问题，比如血清素活性低、肾上腺素活性低的话，就会导致抑郁症；血清素活性低、肾上腺素活性高的话，就会导致躁狂症。

3. 离子输送不当

神经细胞膜有缺陷，导致它的离子输送不当，就容易引起神经元被激发，从而造成躁狂症；抗拒激发就会造成抑郁症。

在现实生活中，躁郁症的复发率很高，其原因大概有三种情况。

第一，不能保持正常服药。

从目前的研究来看，这个病跟生理性是有关系的，它需要终身服药，才能保持稳定性。

第二，受刺激。

当社会心理压力增大的时候，可能会猝死，也会刺激当事人，导致躁郁症复发。

第三，睡眠不足或不规律。

睡眠问题是最容易引起躁郁症复发的一个原因，比如睡眠不足，或者睡眠的时间比较混乱，最常见的一个现象就是熬夜。

现在，患有躁郁症的年轻人开始增多，大部分和睡眠有关系。所以，提倡大家保持规律睡眠，同时睡眠要充足，这样有利于保持定性，降低躁郁症的复发率。

躁郁症的症状

1. 躁狂症阶段的主要症状

会感到过度高兴和激动，或过度急躁和愤怒；会感到自己能做其他任何人都做不了的事情，很夸大；会比平时睡得更少，或者根本不睡觉；会同时做很多事情，精力更充沛；说话的语速更快；表达很多想法，有些想法是现实的，而有些想法是不现实的；注意力容易分散；会冲动行事，譬如不明智地大手大脚地花钱或者鲁莽地驾车。

2. 抑郁症阶段的主要症状

会感到非常悲伤、情绪低落、急躁或焦急，对人、事、物失去兴趣；睡眠过多或睡不着，没有食欲或基本上没有食欲；难以专心或难以做决定；感到疲劳或精力不济；行动迟缓或讲话慢吞吞；对自己感到糟糕或愧疚，有轻生的念头或实际做出过轻生的举动。

以药物治疗为主，以心理治疗为辅

根据上述两种主要症状，可以判断前来咨询的患者到底是不是躁郁症。

如果他是躁郁症的话，是需要服药的。心理咨询师没有诊断和用药的权利，确定患者是躁郁症之后，要建议他到医院去做一个确切的诊断，按医嘱服药。

除了建议去医院看医生，我还会从心理角度，针对引起他生活困扰的一些压力进行调试，来帮助他去面对和应对。

躁郁症复发，涉及三个方面，一是要问问他有没有坚持服药；二是确认他目前的睡眠是不是正常状态；三是最重要的，也是当下能够解决的，就是生活中是否有一些压力，比如学习压力、人际关系的压力，给他造成了情绪上的困扰。

如果是情绪上的困扰，首先我会给他情绪上的支持，然后根据他的具体情况教给他一些情绪调适方法，帮他做情绪上的疏导。

如果他没有坚持服药，或者原来没有确诊过，我们首先会给他做一个科普，让他去认识这种疾病，告诉他这种疾病是什么样子的，我们要怎么去对待它。

其次是在认识这种疾病以后学会照顾自己。比如会叮嘱当事人不要喝酒，喝酒容易引起复发。因为这种疾病的患者也会是身体疾病、酗酒及轻生的高危群体。

一般的心理咨询师会认为，一个人的心理出问题了，都跟过去的创伤有关。但躁郁症不完全是这样的，它更多时候是因为外界的环境，比如家庭环境、家庭教养、外界的压力，导致了症状的恶化。

对于双相情感障碍来说，主要原因还是生理性的，所以需要以药物治疗为主，以心理治疗为辅。尤其当躁郁症急性发作的时候，不适合给他做心理治疗。当他服药一段时间，症状减轻之后，再给他进行心理治疗。

有这样一个学员，是一个女学生，她来咨询的时候，已经确定为双相情感障碍。她来咨询是因为她遇到了过去的某个人，激发了她对过去一些不好事件的回忆，所以她最近的情绪波动比较大。

当时她已经服药五年，但因为药物副作用大，导致她身体很胖，头发也很蓬乱，所以曾停止过服药。但是她发现，只要一停止服药，症状马上就会出现，甚至会晕倒、失去知觉，或者会行为失控。尝试几次停药之后，她就明白这种病确实需要坚持服药。

她来找我的时候是因为情绪问题，但是她看病的五年里，医生一直都只给她配药、吃药，从来没有进行心理辅导，所以我要给她情绪上的支持，引导她做情绪调试。

当她出现消极念头的时候，我会教给她一些呼吸调整和冥想的方法。我还告诉她，可以出去适当运动，比如走路、散步，但因为她不喜欢运动，她就没有采纳。

我还建议她和要好的朋友，一起坐在阳光下的椅子上聊聊天，这也是一个比较好的放松方法。另外，她喜欢做手工编织，所以我也建议她烦恼的时候，做一些手工编织，让自己静下来。

这些都是通过跟她的聊天咨询当中挖掘出来的，能够让她安静下来的一些方法。

对于躁郁症来说，春天是一个很容易复发的季节。她在学校学习时，到了春天，就会经常因为发病而请假。但是请假多了，就会影响学业。因为学校也有规定，请假超过多少天，可能就不能毕业，拿不到毕业证书。在这种情况下，就需要和老师沟通，老师同意以后会根据她的现状，允许她请假。老师给予的支持，其实也是对她的一个帮助。

另外还需要和学生做一个沟通，提醒和她同宿舍的同学、她周围的同学，不要歧视她，同时还要在宿舍里构建一个友好的环境。

在学校里，给她创造的环境还是不错的，没有人歧视她，大家对她很友好很关心。前段时间她莫名其妙地又发病了，在宿舍里尖叫。她的同学立刻帮助她、提醒她，同时告诉老师，老师立即跟家长取得了联系，家长赶紧去找医生，因为医生对她的情况很了解，就根据她的情况，调整了她的用药，使她很快镇定下来。

在这个过程中，老师跟家长保持沟通，家长跟她的医生及时沟通交流，才很快缓解了她的病症。

我们会建议有双相情感障碍的学员，不要病急乱投医，最好能够长期固定一个医生。这样当你急性发作的时候，这个医生就能很快判断你的基本情况，然后给出一个准确的或者相对来说比较稳妥的解决方案。

经过一段时间的调整，她的病症慢慢稳定下来，即使发作，也几乎和正常人一样了，但是她仍然需要坚持服药。只不过和医生商榷之后，降低了药量，在这种情况下，其实会保持一种轻躁和轻郁的状态，但这种状况不严重。

从我的角度来理解，一个正常的人有一点轻躁的状态，其实对他来说不是坏事，因为这个时候他会比较活跃，创造力或者思考力会比较强，对于他取得一些成绩，促进他的学业，可以起到好的作用。

在帮助她的过程中，最重要的就是让她清楚地认识自己的疾病。美国有一个杰米斯教授，是一个医生，因为曾患躁郁症而专门研究这种疾病，他写了一本叫《躁郁之心》的书。我把这本书推荐给她看，一方面告诉她，患躁郁症的不是你一个人，连医生也会有躁郁症，所以不用害怕，也不用羞耻；另一方面是想让她从医生的自传中看到，躁郁症复发的时候是一种什么样的状况，医生是怎么应对这种状况的，怎么去帮助自己的，怎么去求助的，其实也是给她提供一个帮助自己的路径。这个过程，其实就是让她接纳自己的状态，从而更科学地帮助自己。

心灵成长教练需要注意的关键点

1. 积极干预，保持客观态度

对当事人来说，躁狂发作伴随的精力和活动量的增加或许会感觉良好、富有成效和具有意义，但对心灵成长教练在内的其他人而言，它们可能会被视为无意义和不现实，被看作生病的征兆。此时，重要的一点就是请你一方面解释自己的观点，另一方面也对当事人的观点持开放态度。

2. 助力学员实施自我管理策略

在做心理干预与支持的过程中，心灵成长教练应着力于采取措施去尽量增加当事人处于健康状态的时间和减少生病的时间。根据我的经验，在长时间内康复得最好的当事人，不仅要监督提醒他们定期服药、找医生就诊，而且还要帮助他们成功实施自我管理策略。比如，睡眠少、不规律是一个风险性引发因素，让他们保持一个惯常的醒睡节奏可以起到减少旧病复发的作用。其他日常措施如一致性服药、获取社会支持、填写心境表格等。

3. 设定可实现的有限目标

心灵成长教练应留意，避免当事人出现对双相情感障碍疾病过分识别、俯首称臣的情况。他们或许会觉得"反正我患有双相情感障碍，我无法改变，这都是生物化学方面的因素导致的，我无法为自己承担责任"，认为自己在一生中将难有成就，这导致当事人会越来越依赖家人的照顾。对此，心灵成长教练要帮助他们设定某些能够实现的有限目标，保持一定水平的"行为激活"，预防心境状态出现恶化，使他们变得更有活力。

最后，我希望心灵成长教练思考一个问题，就是我们怎么样才能帮助双相情感障碍群体减少或者降低这个病的复发率？从社会心理学的角度出发，如何给这个群体创造一个好的环境？

套路是我用的，
但爱你是真心的。

心灵成长教练
如何借助课程传递价值和温暖？

许炜甜

你是否曾静下心来思考过，你的课程设计理念与内容，最能触动哪一类人的心弦？

是那些面临人生转折或挑战的人吗？他们是职场中的中层管理者或即将退休的人，可能正在经历职业瓶颈、家庭矛盾或人际关系等问题，渴望通过心灵成长课程找到新的方向，实现内心的和谐与平衡。

是那些对心理学、哲学或心灵成长感兴趣的人吗？他们可能已经在自我成长的道路上探索了一段时间，希望通过心灵成长课程深化对自我和世界的理解，提升内在的力量和智慧。

是那些正在经历心理困扰或情感问题的人吗？他们可能正在寻求咨询的路径与疗愈的方法，心灵成长课程可以为他们提供情感支持和心理疏导。

定位"素人"的用户画像

以我们的课程为例。我们的课程的受众是那些在生活中遇到小挫折,感到一丝丝不开心、不幸福的普通人。他们心怀迷茫和期待,来上课时想要寻找共鸣与启迪。同时,我们也在做"将'素人'打造成专业人士"的业务,以帮助学员找到自身定位,在提升专业技能的同时,实现自我超越。

当然,陪伴也很重要。很多人情绪需求的缘起,就是缺乏陪伴。大家内心渴望的,正是那份真挚的温暖、爱与陪伴。

为用户提供支持的定价初衷

在这个行业中,一提到导师班,公众的普遍印象往往是高昂的学费门槛,有些导师班动辄30万元起步。但是我们在设定价格的时候,不能基于"赚钱"这个目的,而是要本着"为大众提供专业服务"的原则,我的建议是低价策略。

其实,这一决策背后有我们深思熟虑的考量。每一位"素人"都渴望得到专业的指导和陪伴,因此我们特意将课程价格设定在亲民的水平,力求让更多人能够接触到优质的心灵成长课程资源。

然而,我们也意识到,还有一部分人群,他们各自都具备一定的专业技能，或许已经学过一些基础知识，甚至有的已经开课多年，积累了丰富的经验。要满足这类人群的需求，我们需要提供更为精准、深入的学习路径和更高层次的知识体系。因此，在保持对"素人"用户关怀的同时，我们也一直在为这类专业人士提供更加贴合其需求的学习方案。

我的梦想，是希望更多的人能够承接我生命中领悟到的那些珍贵智慧，并将其发扬光大，传承下去。为此，我首先选择从"素人"开始，引领他们踏上疗愈之路，帮助他们实现心灵成长，激活新的活力与潜能。这个过程虽然有些缓慢，却是必不可少的。

为了更快地实现我的梦想，我也开始积极寻找那些已具有成熟经验和专业技能的合作伙伴。当他们全程跟完了我的课程之后，对我的课程理念深表认同，并愿意与我合作。这种合作方式，不仅能够加速我的理念传承，还能够确保传承的质量和效果。

互利共赢的资源整合创新模式

我们可以探索一种极具创新性和前瞻性的合作模式：你的学员来参与我的课程，而我的学员也可以参与你的课程。这种合作模式不仅能够有效利用双方的资源，还能为学员提供更为丰富和多元的学习体验。

随着团队的持续壮大，我们可以在不同地区拓展业务领域，以此构建一个覆盖广泛受众群体的教育网络。在这一过程中，我们将深入挖掘课程资源，不断推陈出新，同时积极激发讲师团队的创造力。为了实现这一目标，我们需要在各地寻找并精心培养一批批优秀的讲师团队。

培养一位出色的讲师绝非易事，需要多年的积累和磨砺，包括授课经验的积累、授课方法的探索，以及个人魅力的塑造等。一位优秀的讲师不仅需要具备扎实的专业知识，还需要有出色的沟通能力和演讲技巧。

因此，可以与有相应经验的老师合作，共同为学员们提供更全面、更专业的课程服务。本地的老师往往对当地的教育环境和学员需求有着更深入地了解，这是宝贵的优势。

这样的举措，不仅能够解决业务增加带来的讲课压力问题，还能够推动心灵成长领域的持续发展，为更多学员和讲师的成长与发展贡献力量。

目前，我们拥有80%的"素人"用户和20%的专业人士，这样的比例既保证了广泛的用户基础，又能够引入专业领域的知识和见解，增添了更多的深度和广度。同时，以低门槛的定价策略吸引更多专业人士与我们合作，这种运用模式为更多讲师带来了实实在在的收益和成长。

双向的价值传递

我们导师班有一位刘同学，通过接触和学习我们的课程，以及接受各种形式的疗愈方法，最终实现了心力提升，并赢得了事业上的巨大成功。她的护肤品牌在短短一年内实现将近1.3亿元的销售额，这是一个令人瞩目的成就。

"套路是我用的，但爱你是真心的。"作为一名心灵成长教练，需要运用各种方法和策略来帮助学员提升自我、实现目标，但这一切都是基于我们对学员的关爱和真诚。希望通过我们的努力，能够让更多的学员感受到这种价值的传递和温暖。而这种价值的传递是双向的，也是无价的。

发自内心地微笑，
给别人更多的善意，
看到世间的种种美好，
并将内心的美好收获，
与别人分享。

> 张爱玲

心里也长着枝枝叶叶的,
里里外外都笼罩来着?

"

心脏康复方法

我查阅了很多文献，30 多岁以后，颈椎曲度就逐渐变差，如有些椎骨的间隙，干脆开始关闭自己，并且形成不可回收的趋势；起来头晕耳鸣，每次自己躺来躺去看，甚至传了病能征，加速衰老难轨糟，……接近了美容院，接客了八九个，自己的身体状况发紧缩，回时继续心脏长度缩减 24 年，延到老耄。

我想把美容 28 年，回时继续心脏长度缩减 24 年，延到老耄。多年的积累与经验，转化为一系列心脏调养方法。根据我日常做的心脏调理与锻炼，美丽是想继续用我的，为此，我特别想到的以几个心脏调养，坚持练习，可以帮助我们恢复年少力壮，改善身体光泽，恢复男内以外的美丽和健康。

心脏调养方法

这个方法，一共有六个步骤，大家可以在书中进行练习。

第一步，邓上千米，其最让有体操松。

慢慢闭上眼睛，舒展眉其，抓住右耳朵捏揉一下身体，让身体完全去感觉存在的一个非常舒服的状态。

接着，然然地吸气，憋住一下，再大口吐气，然然吐气。

慢慢地做几个深呼吸，让身体放松下来。

第二步，把所有的注意力都放到身体上。

在这一步，可以让身体的细胞随着你的呼吸——你深深吸几口气，然后吐出来。

在几十几万亿个细胞里面。

你要跟他们沟通一下，自己之所以忘记之回事，为什么从来都没和他们讨论。

我想向你们道歉，这么久都没有和你们对话。在其他地方，其他事又上，我花了很多注意力，现在，我记起了一切。

我知道，你们这么多年也被我忽略了，而我也应该花点时间来爱你们。

现在开始，在每个当下，我都能感觉到你们对我的爱。

找到那了，我曾经很感谢你的这份爱。我知道，你们都带着我们的爱。

在回应的爱。

所以，你们这多年听我说过的，或是一直发生的那些磨难，包括我引起的那引。

把他们听到排走了。我会告诉你们，咱们名曝做什么，你们就去听从我的话，现在，我回到来了，我上主的回到来了。

要爱其自己了。

我知道，当你们接受我的吸引，你们都给我在了一个空间，有我自己在没有更多地方放，在给我在一个空间。

一些令非常大，有一些需要很多长一点的时间，也有一些可能要短几秒。

我知道你们都在听，而且会跟随我所有的指引。现在，我能把所有这些考分送到你们身上了。

第三步，感受身体被放松着。

此时，我要名誉签，继续从你的脚底放松上升，一直到头上方。经过自己正在一件小事时的声音非常大的。

你的所有细胞，现在都以你的指令。我要感受地她一会儿，并告诉我们。其他几乎然后呢，名誉感受你的细胞为你所做的一切。

他们让你保持健康，他们以你的指令，根据你的指示，根做所做的一切。

第四步，知细胞"说"一声谢！

感受到细胞之后，龙誉打心的谢意，对你的细胞说出一声"谢谢"。

亲爱的细胞们：

我爱着你们，我来到这里，是为了跟你们在一起。

我想和你们一起，创造一个充满爱信息有力量，美美的，创造多姿多彩的自己。

我想和你们一起，当我看见自己的身体时，我感到很有爱，更健康的身体。

我想和你们一起，创造出非常美丽的天赋，它能健康地更健康地……

而强壮地生长，乌黑顺滑、闪闪发光。

我想和你们一起，创造出健康、美丽且明亮的眼睛。它能让我清晰地看到一切，欣赏各种各样的风景。

我想和你们一起，创造出灵敏的鼻子。它让我可以闻到各种味道，不断体验美味带来的享受。

我想和你们一起，创造出漂亮的嘴巴。它能让我惬意地品尝各种可口的美食。

我想和你们一起，创造出光滑细腻的皮肤。它会让我看起来非常美丽年轻。

我想和你们一起，创造出强壮有力的肌肉。无论我有多大年纪，肌肉的线条都让我感到骄傲和自豪，让我每一天都变得更强壮、更健康、更年轻。

我想和你们一起，创造一个健康、年轻且强壮的心脏，并让它充满无条件的爱与慈悲。

我想和你们一起，创造一个更好的消化系统。能轻松地消化一切，让我甚至都没有留意到我的消化。

我想和你们一起，创造出强大的免疫系统。它让我比以往任何时候都有更好的感觉。我的身体会更健康、更强壮、更美好。

我爱你们，我想让你们开心。从此刻起，我会把你们当成我生命中最重要的组成部分。从此刻起，你们会变成我真正的宝贝，你们会一直和我在一起。

我甚至会向你们请求指引。比如吃什么、怎样健身，从此刻起，我都会听你们的。

现在，我知道你们是完美的，而且永远都将是完美的。我向你们保证，我不会再带来新的负面系统和新的伤害。

我相信，我们可以在一起生活很久，在喜悦和健康中，在快乐与和平中。还有很多乐趣，我们一起去享受。

亲爱的细胞们，我爱你们！超越以往任何时候。

第五步，开始抚摸你的身体。

这时，你可以开始试着触碰身体的不同部位，或者用头脑去和细胞沟通。做这个动作时，请你告诉自己，身体出现的所有问题，只是你以前给他们的指引有误，他们本身从来没有任何问题。

现在，你对此有所觉察了，如果你释放掉它们，你的细胞就会让这些问题走掉。关键是，你要有意愿去释放掉你的问题，开始去爱你的身体，爱你身体中的每一个细胞。

时刻记住，在这个世界上，有亿万个细胞只为你一人而活。此刻，如果你的身体仍然存在一些问题，就去抚摸相应的地方，让你的细胞去疗愈它。

当你抚摸身体时，不用说让问题消失之类的话，只要去感恩，去爱。持续保持与细胞的连接，对他们表示足够的感谢，就够了。

第六步，收尾。

继续保持内心的这份宁静，身处平和与深深的爱意中。

感恩你的细胞,让你身体健康,年轻漂亮!一直告诉他们:"我爱你们!我爱你们!我爱你们!"

自我暗示法

有时候,积极的心理暗示,对于身心调节会起到很好的效果。这就好像给自己"打气",能增强我们的信心,赋予我们力量。

1. 平时暗示语

我总是精力充沛,容光焕发,气质优雅,身轻如燕,充满了青春的活力。

我的肌肤,每时每刻都在变得更加光滑、细腻、白嫩、水润和美丽。

宇宙的能量,时时刻刻充满着我的身心,我一天天变得更加健康、更加年轻。

2. 洗头时暗示语

每洗一次头,我的头发都会比以前更茂密、更光滑、更健康、更柔软、更光彩照人。

3. 吃饭时暗示语

我所吃的每一样食物,都能让我变得更加美丽、迷人和年轻。我吃的食物,不仅味道鲜美,而且对我的身体健康大有好处。

4. 喝水时暗示语

我喝的每一口水,都是生命的源泉。它让我的生命得到滋养,让我的皮肤变得水嫩光滑,让我整个人都精神焕发。

5. 睡觉时暗示语

每一次良好的睡眠,都能使我精神饱满、神清气爽,并让我容颜娇美、艳丽动人。

6. 起床时暗示语

美好的一天开始了,青春、美丽、温柔、健康每时每刻都伴随着我。

接纳与分享

在日常生活中,无论我们处于什么状态,遇到什么人和事,都保持接纳的心态,不纠结于小事,不执着于虚妄,不被各种困难动摇,接纳一切好与不好的事情。

发自内心地微笑,给别人更多的善意,看到世间的种种美好,并将内心的美好收获,与别人分享。

你要坚定地相信,自己就是极致的真善美,能够修炼出真善美的心灵,也能用真善美去影响和带动更多的人,让大家一起去创造充满真善美的世界。

图书在版编目（CIP）数据

心灵成长教练指南 / 创客匠人老蒋, 许炜甜主编. 海口：南方出版社, 2025.1. -- ISBN 978-7-5501-9495-3

Ⅰ.G444

中国国家版本馆 CIP 数据核字第 2024YP3388 号

心灵成长教练指南
Xinling Chengzhang Jiaolian Zhinan

创客匠人老蒋　赵婉新　主编

| 责任编辑：白　娜 |
| 出版发行：南方出版社 |
| 社　　址：海南省海口市和平大道 70 号 |
| 邮政编码：570208 |
| 电　　话：（0898）66160822 |
| 传　　真：（0898）66160830 |
| 印　　刷：三河市九洲财鑫印刷有限公司 |
| 开　　本：880mm×1230mm 1/32 |
| 印　　张：8.75 |
| 字　　数：167 千字 |
| 版　　次：2025 年 1 月第 1 版 |
| 印　　次：2025 年 1 月第 1 次印刷 |
| 定　　价：59.80 元 |